钢筋混凝土泄洪闸墩断裂加固理论与实践

夏海江　编著

东北大学出版社

·沈　阳·

ⓒ 夏海江　2022

图书在版编目（CIP）数据

钢筋混凝土泄洪闸墩断裂加固理论与实践 ／ 夏海江
编著． — 沈阳：东北大学出版社，2022.11
　　ISBN 978-7-5517-3183-6

　　Ⅰ．①钢…　Ⅱ．①夏…　Ⅲ．①钢筋混凝土—泄洪闸—
加固—研究　Ⅳ．①TV66

　　中国版本图书馆 CIP 数据核字（2022）第 219097 号

出 版 者：东北大学出版社
　　　　　地址：沈阳市和平区文化路三号巷 11 号
　　　　　邮编：110819
　　　　　电话：024-83680176（总编室）　83687331（营销部）
　　　　　传真：024-83687332（总编室）　83680180（营销部）
　　　　　网址：http:// www.neupress.com
　　　　　E-mail: neuph@neupress.com
印 刷 者：沈阳市第二市政建设工程公司印刷厂
发 行 者：东北大学出版社
幅面尺寸：170 mm×240 mm
印　　张：13.75
字　　数：247千字
出版时间：2022年11月第1版
印刷时间：2022年12月第1次印刷
策划编辑：刘新宇
责任编辑：郎　坤
责任校对：杨　坤
封面设计：潘正一

ISBN　978-7-5517-3183-6　　　　　　　　　　　定　价：88.00元

编委会

前 言
PREFACE

　　水是生命之源、生产之要、生态之基。兴水利、除水害，事关人类生存、经济发展、社会进步，历来是治国安邦的大事。党的十八大把水利摆在了生态文明建设的突出位置，明确提出加强水源地保护和用水总量管理，推进水循环利用，全面促进资源节约；推进水土流失综合治理，加快水利建设，增强城乡防洪抗旱排涝能力，加大自然生态系统和环境保护力度；完善最严格的水资源管理制度，深化资源性产品价格和税费改革，加强生态文明制度建设。按照中央治水兴水的决策部署，加快水利改革发展，不断把中国特色水利现代化事业推向前进，是事关我国社会主义现代化建设全局和中华民族长远发展重大而紧迫的战略任务，是保障国家粮食安全、转变经济发展方式、建设资源节约型和环境友好型社会、保障和改善民生、促进社会和谐稳定、应对全球性气候变化、增强抵御自然灾害综合能力的迫切需要。

　　水库工程是重要的水利工程之一，承担着防洪、灌溉、发电、水产养殖等保障国民经济和社会发展的基础性和综合性作用与功能。水库工程是指在河道、山谷或低洼地带修建挡水坝或堤堰，形成的具有拦洪蓄水和调节水流功能的水利工程。据统计，全国水库工程6920座。水库钢筋混凝土泄洪闸墩承担着钢闸门支臂推力和水体压力以及自重、温度场应力等荷载作用，是保证水库工程泄洪安全性的重要结构。

　　本书以某水库钢筋混凝土泄洪闸墩为工程背景，通过长期现场调查研究，综合分析了混凝土裂缝危害性、抗裂性，混凝土裂缝修补加固方法与技术，混凝土断裂特性理论及其改进措施，混凝土裂缝分类、诊断方法及典型工程裂缝诊断等与工程实际密切相关的内容，应用断裂力学理论及相关强度理论对泄洪闸墩多种运行工况进行了三维有限元数值分析，开展了钢纤维及碳纤维布（CFRP）抗裂性能试验分析、混凝土阻裂与加固方法及技术研究、阻裂与加固效果数值计算分析以及工程应用分析等。

结合工程背景开展了钢纤维混凝土抗裂性能系列试验及分析，优选出具有适宜的抗压性能、抗拉性能、抗冻性能和抗渗性能，且经济合理的钢纤维混凝土系列配合比及其设计参数，为工程修补加固材料选取提供试验依据，为混凝土加固材料抗裂性计算分析提供基础参数。在背景工程特性试验诊断分析成果的基础上，开展了闸墩有限元计算荷载，包括上游静水荷载、上部结构荷载、推力荷载和温度荷载。计算中荷载组合分为4种工况。根据各种工况，分别对闸墩（重点是检修井井壁处）的受力状态进行计算分析。模型计算的结构拉应力分布区域的结果，与工程实际发生开裂位置基本吻合，为判断裂缝主要成因、裂缝位置、开裂趋势提供理论计算依据。闸墩裂缝的主要成因是闸门开启至最大位置时，检修井井壁所受拉应力超过混凝土的容许抗拉强度所致；静水荷载、温度荷载对闸墩开裂构成一定威胁，但不是主要因素。闸墩组合模型模拟计算结果，为混凝土结构工程安全分析、判断应力危险区域及制定混凝土结构修补加固方法和技术方案提供理论依据。

针对实例工程的钢筋混凝土闸墩开裂破坏程度及性质，研究确定了两种阻裂与加固方法：第一种方法为碳纤维布阻裂与加固方法，第二种方法为钢纤维混凝土置换方法。两种方法工程应用实例及有限元数值模拟计算分析效果良好，可供类似工程推广应用。

全书分8章，包括研究目的及重要意义、钢筋混凝土闸墩断裂阻裂机理分析、钢筋混凝土闸墩裂缝无损检测诊断、钢筋混凝土闸墩阻裂加固材料性能试验、钢筋混凝土闸墩断裂力学特性数值分析、钢筋混凝土闸墩裂缝阻裂加固数值模拟、钢筋混凝土闸墩断裂加固实例工程、理论研究与实践结论。全书由夏海江统稿。

本书在编写过程中得到了辽宁省有关水利部门和同事们的大力支持，以及东北大学资源与土木工程学院部分老师的指导与帮助，在此一并表示感谢。

由于我们水平所限，编写内容难免有疏漏和错误之处，希望广大同行和读者批评指正。

夏海江

2022年5月于沈阳

目 录
CONTENTS >>>

1　研究目的及重要意义

　　水库在防洪、发电、灌溉、供水、航运和渔业等方面发挥了极其重要的作用，为国民经济发展和保障人民群众的生命财产安全做出了重要贡献。水库大坝一旦失事，下泄的洪水会对下游造成灾难性破坏。随着水库下游固定资产和人口数量的日益增长，同样量级洪水造成的损失将成倍增加。

1.1　选题背景及研究意义

1.1.1　选题背景

　　裂缝是水工混凝土结构老化和病变的主要反应，对混凝土结构安全的危害很大，严重的裂缝会影响结构的强度和稳定性，破坏其整体性和抗渗性，加速混凝土碳化和溶蚀，危及建筑物的安全运行；轻微的裂缝也会影响建筑物的耐久性和美观，有的会发展成为严重的裂缝。在国内外的大坝中，由于裂缝而失事或影响运行、影响效益发挥的实例很多。1975年8月，特大暴雨引发的淮河上游大洪水，使河南省驻马店地区包括两座大型水库在内的数十座水库漫顶垮坝，1100万亩农田受到毁灭性的灾害，1100万人受灾，超过2.6万人死亡，经济损失达近百亿元，成为世界最大的水库垮坝惨剧。2010年，吉林省遭遇洪水，受灾人口达608.3万人，倒塌房屋11.6万户，损坏房屋29.8万户，死亡85人，失踪67人，造成的直接经济损失达481亿元。其中，桦甸市常山镇大河水库发生溃坝，下游5个村庄被冲毁，造成巨大人员伤亡。2011年5月18日下午4时许，位于广州市天河区广汕路火炉山内一灌溉用小型水库突然发生溃坝事故，近万立方米水库蓄水夹杂泥沙倾泻而下，导致下游方圆数公里范围内泥水侵袭，广汕路两边的工厂、商铺及宿舍区均未能幸免。灾后情况见图1.1。

究其原因，特大洪水的影响不可忽视，但更为重要的是水库大坝自身结构的问题，比如闸门无法打开、泄洪通道不畅、启闭系统老化、坝体工程裂缝问题，等等。因此，水库的安全重在坝体结构的稳定运行。在水库结构发生破坏的原因中，闸门系统无法正常运行导致水库无法泄洪影响最为严重。在特大洪水来临之际，闸门无法正常运行，水库水位超过警戒线造成洪水漫顶，对大坝尤其是土石坝可带来灭顶之灾。泄洪闸门正常运行，要求闸门不能发生大变形，闸墩必须稳定且不能发生变形，而通常影响闸墩变形的因素往往是闸墩裂缝的产生及其不规则发展。某水库设计于20世纪70年代，是辽宁省中部地区的大型水利枢纽工程，总库容近$8×10^8m^3$。大坝为混凝土重力坝，坝顶高程103.5m，最大坝高50.3m，坝顶全长532m，分为31个坝段。位于主河床的4号～18号坝段为溢流坝段，全长274.2m，共设14个12m×12m溢流表孔、6个3.5m×8.0m导流泄洪底孔。溢流表孔由弧形闸门控制泄流，导流泄洪底孔由平板闸门控制泄流。溢流堰采用实用断面堰型，克-奥非真空曲线，堰顶高程84.8m（见图1.2）。

图1.1　水库溃坝危害

（a）溢流坝右侧景

（b）溢流坝左侧景

图1.2 某水库全景及溢流坝

水库溢流坝段闸墩顺水流方向长度32.3m，桩号为0-4～0+28.3。闸墩共15个，其中2.5m宽的边墩2个，9m宽的宽墩6个，4m宽的窄墩7个，宽墩和窄墩间隔布置（净距12m）（见图1.3、图1.4）。宽墩内布置三道导流泄洪底孔工作闸门和检修井，其中最大检修井截面尺寸为7m×5.1m，并在中部处截面改变为5.5m×2.5m，由于常年降水积水，现检修井内部都积蓄了不等量积水。另外还有两个检修井，一个在水力发电室内，截面为2.5m×1.0m，在闸墩中部处产生90°折角折向闸墩前部；在靠近坝顶路面位置，存在截面尺寸为5.5m×2.5m的竖直检修井。

图 1.3　闸墩闸口与溢流堰面平面示意图

图1.4　闸墩闸口与溢流堰面立面示意图

图1.5所示为弧形闸门推力支承铰支座，位于闸墩上高程93m、桩号0+18.5处。水库管理局最初于1975年检查发现15个闸墩中有11个闸墩出现裂缝，其形状比较规则，大部分位于牛腿受力筋以外，即扇形筋末端，仅10号坝段的闸墩两侧有相对对称的裂缝。

（a）坝顶检修井

（b）闸墩与溢流堰面

图1.5　闸墩检修井

1981年检查发现有9个坝段的闸墩两侧出现了13对裂缝，其中3对在牛腿部位，但均未发展至墩顶。1983年、1985年检查发现，虽然裂缝数量有所增加，但是主要裂缝的状态无太大变化。2006年进行了裂缝检查，发现了许多新增的裂缝，同时发现许多原有的裂缝又有了新的发展变化。在导流泄洪底孔工作闸门门槽（桩号0+12.552左右）和检修闸门门槽（桩号0+7.552左右）范围内，各闸墩上出现不等量竖向裂缝，闸墩的左右两个侧面均存在，以宽墩上的裂缝更为明显，对闸墩结构产生严重威胁（见图1.6）。

2006年以来，一直保持对裂缝进行跟踪观查和测量，裂缝呈现出逐渐扩展的趋势。据水库管理局1975年至2010年闸墩裂缝监测数据，绘出10号闸墩宽墩的裂缝变化简图，见图1.7。基于上述工程背景和大坝安全稳定的考虑，建议水库管理局组织闸墩裂缝全面普查，并选取典型裂缝进行跟踪观测。

裂缝位置

图1.6　闸墩裂缝位置

图 1.7　闸墩裂缝演化发展变化过程

1.1.2　研究意义

在我国水利工程中，通常在江河湖泊与海岸修建水闸、水坝、堤防、海塘、水池、船闸、电站、泵站等不同功能与类型的建筑物，用来挡水、泄洪、输水、排沙等。这些建筑物采用的混凝土（常态的和碾压式的）在施工、运行全过程中，受作用荷载和环境气候与材料配制中温度等各种因素影响，会产生各种规则的和不规则的、宽度和深度大小不同、走向各异的裂缝。在此背景下对闸墩裂缝进行详细的计算研究，并结合编著者多年的现场加固经验，提出合理的加固手段。主要研究意义体现在：了解和掌握混凝土闸墩裂缝对大坝安全性的影响程度。任何建筑物都要满足正常使用功能的要求，不同领域都有其相关的规范或规程。通过分析闸墩裂缝可以为大坝安全提供更好的力学依据。对水库大坝的正常使用起到预警、保护作用。通过掌握闸墩裂缝的成因及对加固方案的可行性分析，可以采取相应的保护措施，对大坝的正常使用起保护作用，对类似工程以及寻找不同位置裂缝的成因起到一定借鉴作用。

1.2　钢筋混凝土闸墩混凝土断裂危害性

1.2.1　混凝土裂缝含义

裂缝就是破而分开的狭长裂口，是固体物质共同具有的一种不连续现象，是直接影响固体物质使用价值的重要因素。

1.2.2　钢筋混凝土闸墩混凝土裂缝分类

裂缝的类型很多，按照不同的分类方法裂缝可分为不同的类型。

（1）按混凝土裂缝的宽度和深度分类

可分为A类裂缝、B类裂缝、C类裂缝和D类裂缝。各类裂缝特性及标准见表1.1。

表1.1　混凝土裂缝分类标准

项目	裂缝类型	特性	分类标准	
			裂缝宽度 δ/mm	裂缝深度 h/mm
水工混凝土	A类裂缝	龟裂或细微裂缝	$\delta < 0.2$	$h < 300$
	B类裂缝	表面或浅层裂缝	$0.2 \leqslant \delta < 0.3$	$300 \leqslant h < 1000$，且不超过1/4结构厚度
	C类裂缝	深层裂缝	$0.3 \leqslant \delta < 0.4$	$1000 \leqslant h < 2000$，或大于1/4结构厚度
	D类裂缝	贯穿性裂缝	$\delta \geqslant 0.4$	$h \geqslant 2000$ 或大于2/3结构厚度

注：① 表面裂缝主要指混凝土表面的龟裂；② 浅层裂缝指开裂深度较浅的裂缝；③ 深层裂缝指由混凝土内部延伸至部分结构面的裂缝，这种裂缝一般会影响结构的安全；④ 贯穿性裂缝指延伸至整个结构面，将结构分离，严重影响和破坏结构的整体性和防渗性能的裂缝。

（2）按裂缝的危害程度分类

分为轻度裂缝、重度裂缝和危害性裂缝。轻度裂缝指对结构强度和稳定性影响较小的裂缝，重度裂缝是指使结构强度和稳定性有所降低的裂缝，危害性裂缝则是指使结构的强度、稳定性以及耐久性降低到临界值或临界值以下的裂缝。

（3）按裂缝的活动性质分类

分为死缝、准稳定裂缝和不稳定裂缝等。死缝的开度和长度已经稳定，不再发展；准稳定裂缝开度随季节或某因素呈周期性变化，长度变化缓慢或不变，这种运动属于稳定的运动；不稳定裂缝的开度和长度随外界因素的变化而发展。

（4）按裂缝的方向和形状分类

分为水平裂缝、垂直裂缝、纵向裂缝、横向裂缝、斜向裂缝及放射裂缝等。

（5）按裂缝的产生时间分类

分为原生裂缝、施工裂缝和再生裂缝。原生裂缝是指在混凝土浇筑过程中，由于施工措施和材料缺陷等原因引起的裂缝；施工裂缝是指由于施工需要或浇筑水平限制以及结构需要而设置的纵缝、横缝、水平裂缝等；再生裂缝是指以上裂缝或缺陷，在运行期，由于外荷载或外界环境等的变化而发展或新产生的裂缝。

（6）按混凝土裂缝所处部位的工作或环境条件分类

分为三类：①室内或露天环境裂缝；②迎水面、水位变动区或有侵蚀地下水环境裂缝；③过流面、海水或盐雾作用区裂缝。

在水利工程界，混凝土裂缝常常指温度裂缝、收缩裂缝、碱骨料反应裂缝等。

1.2.3 钢筋混凝土闸墩混凝土断裂危害性

水工混凝土是一种由砂石骨料、水泥、水及其他外加材料混合而成的非均质脆性材料。硬化成型的混凝土中存在着众多的微孔隙、气穴和微裂缝，故初期混凝土建筑和构件通常都是带缝工作的。水工混凝土结构出现危害性裂缝后，必须进行修补加固，以恢复结构的整体性和防止渗漏。水工混凝土裂缝的危害性主要有：

（1）裂缝影响结构的整体性

当结构出现贯穿性裂缝以后，要恢复结构的整体性是很困难的。裂缝开展得很宽将预示着结构临近破坏，并且可能伴随着混凝土剥落。剪切裂缝多产生于靠近支座或大的集中荷载附近，早期的温度裂缝直接影响到钢筋混凝土构件的完整性。当裂缝影响了剪应力的传递时，它会影响到结构的安全。大多数裂缝并不会危及结构的安全，但它们可能发展，并引起严重的后果。

（2）裂缝导致结构使用功能失常

由外部环境产生的早期温度裂缝往往贯穿整个截面厚度，这样会引起渗漏。对挡水建筑物来说，裂缝渗漏水会严重影响建筑物的使用功能，即使水量的损失本身并不严重，但裂缝的存在往往会限制蓄水位。

（3）裂缝会影响结构的耐久性

所有现行的标准和规范都把限制裂缝的宽度作为一项耐久性指标。横向裂缝通常是指垂直于受拉钢筋方向的裂缝，一般由外荷载引起。为了满足结构耐久性的要求和结构的美观，各国设计规范中对裂缝宽度均作了限制。在较宽的裂缝处，如果有水和氧气侵入，钢筋首先发生个别点的坑蚀，继而逐渐形成"环蚀"；同时向缝两侧扩展，形成锈蚀面。这种钢筋局部断面削弱发展比普通性锈蚀要快，特别是预应力混凝土结构，局部锈蚀具有很高的危害性。因为单根钢丝断面小，高应力及高强钢材的变形性能较差，很可能发生突然断裂。因钢筋全面锈蚀引起混凝土结构的顺筋向开裂对结构的危害性更大,是目前影响结构耐久性的主要危险,具有一定厚度且密实的保护层,对防止混凝土顺筋向开裂至关重要。钢筋表面生锈时,其体积要膨胀,在膨胀压力作用下混凝土保护层会因挤压而剥落,如果没有了保护层,钢筋更容易锈蚀,这对耐久性是很不利的。任何通过混凝土裂缝的渗水,都可能带走一些水泥中的自由石灰和碳酸盐,而且随着这些成分的流失,又会使渗水通道进一步加大。溶蚀和冻融破坏常常同时出现,又互相加重,一般在上游面库水位附近或下游面因内部排水失效而有湿斑处,这些部位都会出现溶蚀和冻融破坏。虽然发展是缓慢过程,但如不能及时控制,会发展成严重破坏,以致最后花费高昂代价进行修补。

(4)裂缝影响建筑物的美观

裂缝过多或过宽,常给人以不安全感和危险感,造成不良的视觉冲击力,影响了人们的感观舒适度,影响建筑物的美观形象,破坏了建筑物、构筑物的美感效果。在不仅追求混凝土内在质量好,而且外观质量也备受关注的今天,混凝土结构裂缝问题成了影响建筑物美观的疑难杂症。

1.2.4 钢筋混凝土闸墩混凝土断裂典型实例

在国内外的大坝中,由于裂缝而失事或影响运行、影响效益发挥的实例很多。

(1)国外工程实例

加拿大的高175m的雷威尔斯托克(Revelstoke)实体重力坝,绝大部分坝段的上游面都出现了劈头裂缝,最大的裂缝深度达30m,裂缝宽度6mm,裂缝渗水量174L/s;美国的高219m的德沃歇克(Dworshak)实体重力坝,上游面出现的劈头裂缝深度达50m,宽度2.5mm,裂缝渗水量483L/s;法国的勒加日(Le Gage)拱坝,1955年水库初期蓄水后,大坝的上下游面出现大面积裂缝,并且在以后的6年里仍继续发展;法国的托拉(Tolla)拱坝,在1961年水库初期蓄水时,大坝上部靠近拱座的下游面发生大面积裂缝,并在以后的8年里裂缝持续发展,遂在该坝的下游侧新增了拱圈和支墩,以加强原拱;奥地利的科恩布赖(Koehabrein)拱坝,大坝建成两年后,基础廊道内出现了裂缝,并伴有严重渗漏,河床坝段的整个基础面的扬压力达全水头,为此在1989—1994年对大坝进行了补强;瑞士的泽乌齐尔(Zeuzier)拱坝,大坝建成20年后,当水库接近蓄满时，大坝出现相当明显的向上游位移，且在下游面产生了多条宽约15mm的裂缝，事故发生后，降低了库水位，并进行大规模修补。

（2）国内工程实例

我国的水工混凝土结构的裂缝问题也较普遍，如新丰江单支墩大头坝，在1962年3月19日，距坝1.1km处发生6.1级地震，在108.5m高程处产生长达82m的贯穿性水平裂缝，导致库水渗漏，曾被迫降低水位运行。安徽省梅山连拱坝，1962年11月6日，右岸垛基突然大量渗漏水，达70L/s，坝体出现几十条裂缝，大坝处于危险状态，被迫放空水库进行加固。柘溪单支墩大头坝，1969年6月30日，1号支墩114.5m廊道西侧出现劈头裂缝，缝宽2.5mm，裂缝面积约占大坝横剖面的45%，缝内严重射水；1977年5月16日，2号支墩产生劈头裂缝，渗水达40L/s，被迫降低库水位运行。陈村重力拱坝，1977年至1979年长期低水位运行，大坝下游面105m高程处的水平向大裂缝明显扩展，拱冠部位裂缝扩展1.39mm，河床10个坝段的缝深超过5m，大坝严重破损。佛子岭连拱坝，1993年11月下旬，河床13个垛墙顶向下游的位移量都超过了历史最大值，坝体裂缝有扩展迹象，被迫控制水位运行。葛洲坝1号船闸下闸首左闸墙上游面有2条深层裂缝，最大缝深11.06m，超过顺河向结构厚度的1/2，缝口宽1~1.5mm，立面上缝长13m，下部已裂至基础，经计算，拉应力已超过闸墙混凝土的极限抗拉强度。潘家口大坝41号坝段上游面197m高程有一条水平向裂缝，缝深约8m，造成该坝段坝体渗漏严重，坝体排水幕线上扬压力系数高达0.68，使197m高程以上坝体的稳定受到威胁。珠窝大坝1969年发现溢流面上有67条裂缝，每个溢流坝段上都有一条顺河向贯穿整个坝段的裂缝，至1981年最大缝宽达到4mm，缝深7m，渗漏量高达8640m³/d，溢流面受到严重的切割损坏，有可能在泄洪时出现大面积毁坏事故。青铜峡大坝厂房坝段存在平行于坝轴线的3条大竖向裂缝，有将坝体分为四大块的趋势。20世纪50年代初在长江流域兴建的世界著名的荆江分洪闸工程，在20世纪80年代，底板、翼墙、闸墩闸门槽、胸墙等部位，裂缝遍布，钢筋裸露，成了病危工程，不得不在20世纪80年代中期投资数千万元人民币，予以维修加固。汉江杜家台分洪闸1956年建成，经历20多年的环境考验，1983年3月检查时，底板、翼墙、闸墩闸门槽、胸墙、启闭工作台基础等部位，裂缝遍布，查出651条裂缝，钢筋裸露，也成为病危工程，不堪负役，于20世纪80年代投资数千万元人民币维修加固。由此，在运行过程中，水工混凝土结构裂缝的产生和扩展不但会危及整个工程的安全，引起巨大的经济损失，而且会对人民生命财产安全产生隐患，具有重大的社会危害性。

1.3 钢筋混凝土闸墩断裂特性研究现状

水工混凝土结构由于其所处的特殊环境，长期受到流水、静水等水流作用，与常规混凝土结构相比，具有3个基本特点：① 水下混凝土结构长期处在饱和状态。由于水工结构的特殊性，部分混凝土结构要长期在水环境中运行，因此外部的水分会通过混凝土的裂隙进入混凝土内部使其处在饱和状态。② 水工混凝土结构体积大，各个部位对强度要求不尽相同。水工混凝土结构通常为大体积混凝土结构，在某些特殊部位，强度要求较高，而在大部分部位，例如坝身内部等，则强度较低。这与常规混凝土结构区别较大，导致不同部位可能出现不同的破坏方式。③ 水工混凝土结构服役期限长。由于水工建筑物的建设期较长，为了取得更好的经济效益，通常的使用周期要达到50年，因此对于结构的耐久性要求较高。基于水工混凝土结构的特点，不难发现，裂缝是水工混凝土建筑物最普遍、最常见的病害之一，不发生裂缝的水工建筑物是极少的。裂缝对水工混凝土建筑物的危害程度不一，严重的裂缝不仅危害建筑物的整体性和稳定性，而且还会产生大量漏水，使水工建筑物安全运行受到严重威胁。另外，裂缝往往会引起其他病害的发生与发展，如渗漏溶蚀、环境水侵蚀、冻融破坏及钢筋锈蚀等。这些病害与裂缝形成恶性循环，会对水工混凝土建筑物的耐久性产生很大危害。因此，长期以来，混凝土抗裂性问题一直是混凝土工程界极为关注的课题。

但是，有些水工混凝土技术人员往往将水工混凝土材料本身的抗裂性与水工混凝土结构抗裂性两个问题混在一起，使混凝土抗裂性研究陷入误区。水工混凝土材料抗裂性（抗裂指数）表示混凝土材料本身的综合抗裂能力，它是根据室内混凝土有关性能试验结果计算出来的，它与混凝土抗压强度等一样，代表混凝土的一种性能，也是评价混凝土配合比优劣的重要参数；而水工混凝土结构抗裂性（抗裂安全系数）表示混凝土结构抗裂能力与产生混凝土裂缝的破坏力之比。抗裂安全系数不仅与混凝土材料本身抗裂能力有关，同时与混凝土结构施工时温控措施、保湿养护条件、保温防护与结构约束条件有关，而水工混凝土材料抗裂性（抗裂指数）只与混凝土原材料、配合比有关，与现场温控措施、保温保湿养护条件及约束条件无关。

1.3.1　钢筋混凝土闸墩断裂成因分析

许多学者和工程技术人员结合实际工程对裂缝的成因作了较多研究与总结，得到了相关研究成果，并总结了多种典型裂缝的成因。

（1）温度裂缝

温度裂缝产生的主要原因有：① 温控不当引起的裂缝。温控措施对混凝土温度裂缝的产生影响非常大。温控措施一般包括：采用低热水泥、控制浇筑温度、采用水管冷却、合理组织施工、改善结构分缝以及加强早期养护与表面保护等。在混凝土浇筑过程中，若采用高水化热的水泥或浇筑温度过高、施工进度、施工间歇时间控制不当、坝体分缝不合理、早期养护和表面保护不及时，均易产生温度裂缝。另外，对于常态混凝土坝，其实际库水温度一般比设计温度低，在运行过程中，坝体受拉应力作用，易产生裂缝；而对于碾压混凝土坝，其水化热散发较慢，一般要经过 5～10 年时间，受水化热和外界温降作用，易产生裂缝。② 基岩的约束引起裂缝。混凝土在入仓温度及其水化热温升的作用下，内部温升很大，当混凝土因外界温降引起的收缩变形受到基岩约束时，将会在混凝土内部出现很大的拉应力而产生约束裂缝，这种裂缝一般较深，将破坏结构的整体性，受混凝土的收缩程度、温差大小、温度变化速度、地基对结构的约束作用等因素影响。③ 新老混凝土之间的约束引起裂缝。因其他原因影响导致混凝土浇筑不连续，间歇时间过长，则在新老混凝土之间出现薄弱层面，在温差作用下，新混凝土的收缩变形受到老混凝土约束，产生拉应力，由此出现裂缝。④ 基岩的高差引起裂缝。浇筑在高低相差较大的基岩面上的大体积水工混凝土结构易发生这种裂缝，主要是由于在混凝土浇筑后，内部温度较高，在外界温度降低过程中，混凝土结构受基岩约束作用，在基岩表面突变处产生应力集中而开裂。⑤ 寒潮引起的混凝土裂缝。在混凝土浇筑初期，水泥释放大量的水化热，若突遇寒潮，使混凝土表面温度骤降而产生很大的温降收缩，受到内部混凝土的约束，则产生很大的拉应力致使混凝土表面开裂，该种裂缝一般为表面浅层裂缝，一般发生在新浇筑的混凝土还未产生抗拉强度之前，由于温差而承受较高的内应力或约束应力，该裂缝的形成与浇筑块的尺寸及长宽比例有关，对于大体积水工混凝土结构也是很危险的。

（2）收缩裂缝

混凝土收缩由两部分组成：一是湿度收缩，即混凝土中多余水分蒸发，体积减少而产生收缩；二是混凝土的自收缩，即水泥水化作用，使形成的水泥骨架不断紧密，造成体积减小。收缩裂缝的形成要求满足两个条件：一是存在收缩变形，二是存在约束。主要原因为：① 塑性收缩引起裂缝。混凝土浇筑以后硬化初期尚处于一定的塑性状态时，由于混凝土早期养护不好，混凝土浇筑后表面没有及时覆盖，表面游离水分蒸发过快，产生急剧的体积收缩，而此时混凝土强度很低，不能抵抗这种变形应力而导致开裂；混凝土水胶比过大、横板垫层过于干燥、使用收缩率较大的水泥、水泥用量过大等也会导致塑性收缩裂缝的形成。② 沉降收缩引起裂缝。混凝土浇筑振捣后，粗骨料下沉，水泥浆上升，挤出部分水分和空气，表面泌水，形成竖向体积缩小沉落，这种沉落直到混凝土硬化时才停止，骨料沉落过程若受到钢筋、大的粗骨料及先期凝固混凝土的局部阻碍或约束，则会产生沉降收缩裂缝。③ 干燥收缩引起裂缝。该类裂缝产生原因主要是由于混凝土表层水分散失，随着湿度降低，其表层产生体积收缩导致裂缝产生，主要受水泥及骨料品种、外加剂、水泥用量、水胶比、养护期等的影响，多为表面性的或龟裂状，没有规律性。④ 碳化收缩引起裂缝。混凝土水泥浆中的 $Ca(OH)_2$ 与空气中的 CO_2 作用，生成 $CaCO_3$，引起表面体积收缩，受到结构内部未碳化混凝土的约束而导致表面开裂。碳化过程主要是空气中的 CO_2 与混凝土中的 $Ca(OH)_2$、硅酸三钙、硅酸二钙等缓慢化合，生成易溶于水的 $Ca(HCO_3)_2$，从而使混凝土损失了有效成分和强度，反应式如下：

$$H_2CO_3 + Ca(OH)_2 \longrightarrow CaCO_3 + 2H_2O$$

$$3H_2CO_3 + 3CaO \cdot 2SiO_2 \cdot 3H_2O \longrightarrow 3CaCO_3 + 2SiO_2 + 6H_2O$$

$$2H_2CO_3 + 2CaO \cdot SiO_2 \cdot 4H_2O \longrightarrow 2CaCO_3 + SiO_2 + 6H_2O$$

$$H_2CO_3 + CaCO_3 \longrightarrow Ca(HCO_3)_2$$

碳化的速度取决于混凝土内在因素和环境因素。水工建筑物碳化速度最快的是水胶比大、水泥用量少、长期处于水位升降区域内，并且日照较多的那部分混凝土。

（3）碱骨料反应裂缝

碱骨料反应是指混凝土的组成成分（水泥、外加剂、掺合料或拌合水）中的可溶性碱溶于混凝土孔隙液中，与骨料中能与碱反应的活性成分在混凝土硬化后逐渐发生的一种化学反应，反应生成物吸水膨胀，使混凝土产生内应力，导致结构开裂。目前已发现的碱骨料反应有三种，即碱硅酸反应、碱碳酸盐反应和碱硅酸盐反应。

① 碱硅酸反应引起裂缝。碱硅酸反应是水泥混凝土微孔隙（包括水泥石微孔、缝隙和骨料界面缝隙）中的碱性溶液（主要以 KOH、NaOH 形式存在）与骨料中能与碱反应的活性 SiO_2 矿物发生反应，反应生成的碱硅凝胶吸水膨胀，产生的膨胀压力导致混凝土开裂。其化学反应式如下：

$$SiO_2 + 2NaOH \longrightarrow Na_2SiO_3 + H_2O$$

② 碱碳酸盐反应引起裂缝。碱碳酸盐反应是碳酸盐岩石骨料与混凝土中的碱性化合物发生的反应。该化学反应必须在高碱度的环境下进行，并且要满足一定的湿度条件，反应速度与温度有一定关系，同时混凝土配合时的水胶比对反应速度也有一定影响。碳酸盐岩石的主要化学成分为方解石（$CaCO_3$）和白云石（$CaMg(CO_3)_2$），与混凝土孔隙中的碱液发生反应，生成水镁石，伴随体积膨胀，反应方程式为：

$$CaMg(CO_3)_2 + 2NaOH \longrightarrow Mg(OH)_2 + CaCO_3 + Na_2CO_3$$

在水泥混凝土中，水泥水化过程中不断产生 $Ca(OH)_2$，碳酸碱又与 $Ca(OH)_2$ 反应生成碱（KOH、NaOH 等），使上述化学反应持续进行，如：

$$Na_2CO_3 + Ca(OH)_2 \longrightarrow 2NaOH + CaCO_3$$

直至 $Ca(OH)_2$ 或碱活性白云石被消耗完为止。

③ 碱硅酸盐反应引起裂缝。碱硅酸盐反应是指黏性土质岩石、千枚岩、硬砂岩、粉砂岩等骨料与混凝土中碱性化合物发生的反应。该反应的特点是反应的膨胀速度非常缓慢，形成反应环的颗粒十分稀少，在混凝土膨胀开裂时，能渗出的凝胶也很少。

综上所述，对几种典型裂缝的成因进行了简单分析，但对于一个重大水工混凝土结构，其裂缝的产生往往是受多种因素影响的综合结果，产生的原因非常复杂，并不是能够用单纯的某类裂缝就能够完全概括的。

1.3.2　钢筋混凝土闸墩断裂影响因素

影响混凝土材料抗裂能力的因素主要有混凝土极限拉伸、抗拉强度、弹性模量、徐变变形、自生体积变形、水化热温升、线膨胀系数、干缩变形等。

（1）混凝土极限拉伸

混凝土极限拉伸是指在拉伸荷载作用下，混凝土最大拉伸变形量，它是对混凝土抗裂性影响很大的一个因素。混凝土极限拉伸与水泥用量、骨料品种与含量等有关，极限拉伸值越大，混凝土抗裂能力越高。

（2）混凝土抗拉强度

混凝土抗拉强度是影响混凝土抗裂性的重要因素之一，它主要由水泥砂浆抗拉能力、水泥砂浆与骨料的界面胶结能力，以及骨料本身抗拉能力组成。混凝土抗拉强度越高，混凝土抗裂能力越强。

（3）混凝土弹性模量

混凝土弹性模量是指混凝土产生单位应变所需要的应力，它取决于骨料本身的弹性模量及混凝土灰浆率。混凝土弹模越高，对混凝土抗裂越不利。

（4）混凝土徐变变形

在持续荷载作用下，混凝土变形随时间不断增加的现象称为徐变变形。徐变变形比瞬时弹性变形大 $1 \sim 3$ 倍。混凝土徐变对混凝土温度应力有很大影响，对大体积混凝土来说，混凝土徐变愈大，应力松弛也大，愈有利于混凝土抗裂。

（5）混凝土自生体积变形

在恒温恒湿条件下，由胶凝材料的水化作用引起的混凝土体积变形称为自生体积变形（简称自变），混凝土自生体积变形有膨胀的，也有收缩的。当自变为膨胀变形时，可补偿因温降产生的收缩变形，这对混凝土的抗裂性是有利的；当自变为收缩变形时，对混凝土抗裂不利。因此自变对混凝土抗裂性有不容忽视的影响。

（6）混凝土水化热温升

混凝土水化热温升高、温度变形大，产生的温度应力也大，混凝土抗裂性就差。影响混凝土水化热温升的主要因素是水泥矿物成分、掺合料（或混合材）的品质与掺量、混凝土用水量与水泥用量等。

（7）混凝土线膨胀系数

混凝土线膨胀系数指单位温度变化导致的混凝土长度方向变形，单位为 $10^{-6}/℃$。混凝土线膨胀系数 α 主要取决于骨料线膨胀系数，石英岩骨料混凝土 α 值最大，砂岩骨料混凝土 α 值为 $(11 \sim 12) \times 10^{-6}/℃$，花岗岩骨料 α 值为 $(8 \sim 9) \times 10^{-6}/℃$，石灰岩骨料混凝土 α 值最小，仅为 $(5 \sim 6) \times 10^{-6}/℃$。混凝土 α 值越小，温度变形（$\alpha \Delta T$）就越小，所产生的温度应力越小，故其抗裂能力越强。

（8）混凝土干缩变形

混凝土干缩是指置于未饱和空气中混凝土因水分散失而引起的体积缩小变形，影响混凝土干缩的因素主要有水泥品种、混合材料种类及掺量、骨料品种及含量、外加剂品种及掺量、混凝土配合比、介质温度与相对湿度、养护条件、混凝土龄期、结构特征及碳化作用等。其中骨料品种对混凝土干缩影响很大，砂岩骨料混凝土干缩最大，石灰岩与石英岩骨料混凝土干缩都较小，花岗岩与玄武岩骨料混凝土干缩居中。就大坝混凝土来说，90d 干缩变形达 $(250 \sim 350) \times 10^{-6}$，比大坝混凝土水化热温升引起的温度变形 $(150 \sim 200) \times 10^{-6}$ 大得多。因此，如果不进行很好养护极易发生混凝土干缩裂缝。

1.3.3 提高钢筋混凝土闸墩结构断裂特性措施

提高水工混凝土结构抗裂性措施有两个方面：一方面是优选混凝土原材料与优化混凝土配合比，提高混凝土材料抗裂能力；另一方面是采取施工措施造就混凝土能适应的人为环境（约束条件、温度与相对湿度等）。

（1）提高混凝土本身抗裂性措施

提高混凝土本身抗裂性措施主要从两方面考虑：一方面要提高混凝土有利抗裂的拉伸变形——极限拉伸 ε_p、徐变变形 C 与自生体积变形膨胀量 G；另一方面要尽量减小有害的收缩变形——温度变形与干缩变形。为了达到以上目的，必须优选混凝土原材料与优化混凝土配合比。① 选择优质骨料。骨料用量占混凝土原材料的 80% 左右，是混凝土中含量最多的原材料，因此骨料品种的优劣直接影响混凝土抗裂性，骨料岩石品种对混凝土线膨胀系数 α、干缩、徐变都有很大影响，例如，石灰岩骨料混凝土的线膨胀系数 α 最小、干缩较小、徐变最小，虽然徐变小对抗裂不利，但 α 小、干缩小对混凝土抗裂性特别有利。另外石灰岩人工粗骨料粒形好、表面圆滑，可降低混凝土用水量，而花岗岩人工骨料粒形差、表面粗糙，混凝土用水量高。因此在现场许可条件下，应尽量选用石灰岩骨料。② 选用发热量低、有微胀自变的水泥。为了降低水化热温升，应选用发热低的低热硅酸盐水泥或中热硅酸盐水泥，还应选用 MgO 质量分数为 3.5% ~ 5.0% 的中热水泥，使其混凝土具有膨胀性自生体积变形。另外也可外掺轻烧 MgO 粉，使混凝土具有微膨胀性，自生体积变形不收缩，有微膨胀。③ 掺用活性掺合料。为了降低水泥用量、减少水化热温升，可掺活性掺合料，如粉煤灰、磷渣粉、凝灰岩粉等。④ 掺用外加剂。掺用减水剂以降低混凝土用水量，降低水泥用量。掺聚羧酸（系高效减水剂）能提高混凝土极限拉伸值。掺用引气剂不但能提高混凝土抗冻性，而且能提高混凝土韧性，对抗裂有利。⑤优化混凝土配合比。尽量降低水胶比，提高混凝土抗拉强度与极限拉伸值。⑥掺用防裂阻裂纤维材料。

（2）施工措施

采取施工措施造就混凝土能适应的人为环境（约束条件、温度与相对湿度），尽量减小温度变形与干缩变形，主要施工措施如下：①合理分缝分块，其目的是为了适应混凝土热胀冷缩及混凝土水泥水化凝结自身收缩变形，以防止混凝土裂缝发生。②降低混凝土浇筑温度，如预冷骨料与用冷水加冰片拌制混凝土，混凝土运输过程中设遮阳装置、严格控制混凝土运输时间和仓面浇筑层覆盖前暴露时间。③夏季避免在白天高温时浇筑，尽量在夜间施工。④合理安排施工程序与施工进度，保证混凝土施工质量。⑤仓面喷雾降温。⑥通水冷却，以降低内部水化热温升，减小内外温差。⑦加强混凝土养护，在混凝土浇筑完一定时间后采用洒水或喷雾养护，大坝和厂房上下游面及长期暴露的混凝土侧面，应重点进行长期流水养护（南方地区）。⑧混凝土表面保温保护，以防气温骤降导致混凝土内外温差过大。

1.4 钢筋混凝土闸墩数值分析发展

有限单元法（finite element method，FEM）的基本思想是用一个较简单的问题代替复杂问题后进行求解，即把连续体分成一系列的单元，这些单元是由有限数目的节点相连的，这个过程称为离散化。这种离散化只能求出问题的近似解，而不能求出精确解。在实际工程应用中，只要所得的数据能够满足工程需要就够了。有限元分析方法的基本策略就是在分析的精度和分析的时间上找到一个最佳平衡点。有限元法是当前工程技术领域最常用、最有效的数值方法，已成为现代工程设计技术不可或缺的重要组成部分。近年来随着计算机硬件的发展，计算机速度和容量增加，有限单元法可以更广泛地应用于复杂领域，解决各类工程问题。有限单元法的一般求解步骤是先将工程问题简化为力学模型，再将力学模型离散为有限个单元，设定单元刚度矩阵和处理边界条件，然后利用数值技术求解联立方程组从而求出未知节点变量，得出计算结果。

1943年，R.Courant在求解扭转问题时为了表征翘曲函数而将截面分成若干三角形区域，在各三角形区域设定一个线性的翘曲函数，利用最小势能原理研究了 St.Venant 的扭转问题，这实质上就是有限单元法的基本思想（对里兹法的推广），这一思想真正用于工程是在计算机出现后。1956 年，Turner，Clough，Martin 和 Topp 等在他们的经典论文中第一次给出了用三角形单元求得的平面应力问题的真正解答。他们利用弹性理论的方程求出了三角单元的特性，并第一次介绍了今天人们熟知的确定单元特性的直接刚度法。他们的研究工作同当时出现的计算机一起打开了求解复杂平面弹性问题的新局面。

20 世纪 50 年代因航天工业的需要，美国波音公司的专家首次采用三节点三角形单元，将矩阵位移法用到平面问题上。同时联邦德国斯图加特大学的 J.H.Argyris 教授发表了一组能量原理与矩阵分析的论文，为这一方法的理论基础作出了杰出贡献。1960 年，美国的 R.W.Clough 教授在一篇题为《平面应力分析的有限单元法》的论文中首先使用"有限单元法（the finite element method）"一词，此后这一名词得到广泛承认。

20 世纪 60 年代有限单元法发展迅速，除力学界外，许多数学家也参与了这一工作，奠定了有限单元法的理论基础，厘清了有限单元法与变分法之间的关系，发展了各种各样的单元模式，扩大了有限单元法的应用范围。

20 世纪 70 年代以来，随着计算机和软件技术的发展，有限元法也随之迅速地发展起来，有限单元法得到蓬勃发展。其应用范围扩展到所有工程领域，成为分析连续介质问题的数值解法中最为活跃的分支，由有限元变分法扩展到加权参数法和有限元能量平衡法，由弹性力学平面问题扩展到空间问题、板壳问题，由静力平衡问题扩展到稳定性问题、动力问题和振动问题，由线性问题扩展到非线性问题；分析的对象从弹性材料扩展到塑性、黏弹性、黏塑性和复合材料等，由结构分析扩展到结构优化乃至结构设计自动化，从固体力学扩展到流体力学、热力学、电磁学等领域，使许多复杂的工程分析问题迎刃而解。

1.5 钢筋混凝土闸墩裂缝修补技术发展

基于水工混凝土结构的特殊性与重要性，其裂缝产生后必须及时修复，由此产生了多种修复技术与理论。在国外，1961 年，M.F.Kaplan 最早将断裂力学用于混凝土研究，首先发表了线弹性断裂力学应用于混凝土的试验成果，该研究引起了学术界的注意和重视，并于 1963 年将金属断裂力学理论用于混凝土断裂力学分析，通过实验证明第一强度理论可作为判断混凝土是否开裂的依据。

1983年，美国学者Bazant提出了与虚拟裂缝概念相类似的裂缝带模型（CBM），这种模型可较好地应用于有限元分析。并且，于1996年针对Koyna重力坝闸墩裂缝进行了分析。1993年，E.C.Kalkani以某水库溢洪道两侧混凝土结构作为研究对象，采用有限元方法，通过线性计算分析了重力荷载、静水荷载、设备荷载以及基底隆起压力的影响，通过查看最大主应力的分布，应用第一强度理论分析，得出结论：对这种溢洪道两侧混凝土结构稳定性影响最大的因素是所有的外部荷载的积累效应。1994年，J.Mirza和B.Durand在实验室测试了水泥砂浆，聚合物改性水泥砂浆〔含苯乙烯丁二烯橡胶（SBR）和丙烯酸树脂〕、环氧树脂砂浆等几种材料应用于混凝土表面维护的物理力学特性和耐久性，评价了砂浆的性能和选择标准。并且，对魁北克水电大坝泄洪闸闸墩选择了21个厂家的产品进行砂浆嵌缝维修试验。经过跟踪监测，最终选定了6个最佳的砂浆产品作为闸墩表面维修的材料，综合比较了各种材料安装情况和成本。1996年，P.Léger，P.Côté，R.Tinaw以某个溢洪道闸墩作为研究对象，重点从混凝土水化热角度出发，通过有限元数值模拟，得出闸墩混凝土的应力分布情况。最终得出结论，闸墩混凝土的开裂，是混凝土水化热引起闸墩混凝土膨胀，产生龟裂，导致强度损失所致。2002年，J.Mirza，M.S.Mirza，R.Lapointe通过实验测试了聚合物改性水泥基砂浆（水泥基二氧化硅质量分数8%+硅灰胶凝材料）对混凝土的保护性能，通过对基础混凝土温度从$-50℃$至$+50℃$的冻融循环试验，评价了这种聚合物改性水泥基砂浆的干缩、抗渗、耐磨、耐腐蚀、黏结强度、抗压强度几个方面的特性。并经过对两个大坝溢洪道闸墩6年的跟踪监测，得出结论：对于暴露于寒冷气候下的混凝土结构，采用这种聚合物改性水泥基砂浆加固维护，具有可行性和可靠性。2003年，I.Abdallah等针对现浇闸墩浇筑过程中的温度应力进行了有限元简化模拟计算研究，从理论上证实在热带地区采取一定的温控措施，可实现闸墩的一次性浇筑，避免闸墩由于温度应力引起的破坏，并且可缩短工期，取得较好的经济效益。2008年，S.G.Andrew等就得克萨斯州的沃克西哈奇大坝溢流坝水工混凝土的老化问题进行分析，重点从混凝土碳化角度出发，研究了其对大坝闸墩结构的影响。2010年，V.P.Kupriyanov分析了冬季寒冷地区某水库闸墩在雪荷载及温度影响下，闸墩结构的受力状态，采用有限元模型试验模拟的方法，得出寒冷地区闸墩裂缝形成的主要原因是温度荷载的结论。

进入21世纪以来，国内学者在闸墩裂缝数值分析方面也做了大量的研究。

2002年，河海大学的朱岳明教授等针对石梁河水库新建泄洪闸闸墩出现的贯穿性裂缝，进行了闸墩整体结构混凝土温度场和徐变应力场有限单元法多工况仿真计算，得出结论：对于现浇混凝土闸墩，裂缝主要是由于浇注过程中的温度控制不当引起的。

2002年，西安理工大学的李九红等采用三维有限元浮动网格方法进行了水电站表孔闸墩施工期的温度场和应力场仿真分析，分析中考虑了混凝土的弹模、徐变及自生体积变形等物理力学参数随龄期变化和分层浇筑对墩体温度应力的影响。2004年，河海大学教授李同春与其研究生张志福对丰满水库闸墩溢流坝的裂缝加固做了实地的调查与研究，并通过有限元计算，对闸墩外包预应力钢索加固方案进行了分析，详细地叙述了这种加固方法的准备条件和加固施工工法，并且证实了这种加固方法的有效性。2005年，广西大学教授燕柳斌及研究生江怀雁以合面狮水电站作为研究背景，经分析比较，采用在闸墩上施加水平锚索的布置方案对已有裂缝的闸墩进行加固处理，并通过计算验证了加固的可行性。2005年，国家电力公司大坝安全监察中心教授级高级工程师邢林生等对严寒地区泄水建筑物结冰引起建筑物破坏方面进行了实验研究，并结合实际工程情况，从低温下混凝土的物理性能角度出发，对大坝闸墩裂缝的产生原因进行了分析。2009年，大连理工大学教授马震岳和研究生苏远波以太平哨水电站22号溢流坝段为实际研究对象，通过有限元方法，建立坝体三维模型，计算闸墩混凝土未开裂及加固后坝体温度场及温度应力场，利用ANSYS软件对闸墩及裂缝进行静力计算及分析，分析温度荷载、冰压力等其他荷载对闸墩混凝土裂缝位置处应力的影响，以及闸墩混凝土开裂的主要原因。针对混凝土开裂前后的受力状态的变化，模拟有无裂缝坝体的承载机理，对加固前后坝体结构进行线性和非线性计算，对闸墩裂缝加固后安全性进行分析。2010年，某水库管理局的岳峰介绍了某水库闸墩裂缝3次普查结果，阐明了裂缝的发展情况，并且对闸墩裂缝补强加固方法进行了探讨，提出采用碳纤维布加固闸墩的建议。2010年，西安理工大学的李守义和研究生李振龙以某水电站溢洪道堰闸坝段中墩为研究对象，以ANSYS软件为平台结合工程实例对预应力闸墩在不同荷载组合工况下进行计算，并对闸墩进行了抗震分析。在对颈缩后的闸墩进行了动力计算分析研究之后，得出结论：地震情况下，闸墩应力分布规律同静力工况一致，仅是应力数值的增大，并且增幅不大。

综上所述，在闸墩裂缝成因分析上，国内外广大学者广泛地采用有限元法计算闸墩应力状态来分析闸墩裂缝成因，从外部荷载、温度作用以及混凝土自身物理特性的角度出发进行了大量的研究。但是，所研究的多为实体闸墩，或简化为实体闸墩进行计算分析，而对存在大型孔洞闸墩的研究相对较少。在存在裂缝的闸墩加固方面，多数采用砂浆嵌缝、体外钢板或锚索的方法。对溢流坝闸墩裂缝的分析方法一般是先研究坝体的应力状态，分析产生裂缝的成因，再采取对应的加固措施。分析闸墩应力状态的方法一般可归纳为理论计算和模型试验两大类，理论计算又分为材料力学法和弹性理论的解析法或差分法，还有有限单元法（数值解法）等。闸墩加固方法大体上分为两类。一类是间接加固法，即改变原结构的受力方式，转变应力传递路径，以此提高结构承载力的方法，如外加预应力钢板法、外加钢支撑法、CFRP体外加固法等；一类是直接加固法，即不改变原结构受力方式，单纯提高结构内部承载力，如化学补强法。两类加固方法各有优点，间接加固法相对而言应用得更为普遍。葛洲坝、李家峡、龙羊峡等大中型水闸加固工程中都不同程度地采用了体外间接加固法。可以发现在处理混凝土裂缝问题时主要存在两个方面的研究进展，其一为采用不同的修补材料，其二为采用相应的修补新技术。

近年来，得益于材料领域的发展，在混凝土裂缝修补材料方面的研究发展迅速。通常的修补材料主要包含以下两类：一是无机类修补材料，二是有机类修补材料。其中无机类修补材料主要以砂浆为主。此外，李志坚等研究了环氧胶泥的特性，并以三峡二期导流底孔缺陷修复为例，进行了现场应用，取得了在大面积修补方面的良好效果。有机类修补材料包括常规有机类修补材料和有机改性类修补材料，其中有机改性类材料主要包括环氧乳液、丁苯乳液（SBR）、丙烯酸乳液（PAE）、苯丙乳液（SAE）、醋酸乙烯酯共聚物乳液（PVA）。由于有机类材料需要在不同的环境下工作，我国众多学者对有机材料的特性及其在修补相关混凝土裂缝方面的作用进行了深入的研究并将其积极推广到水工混凝土结构裂缝的修补活动中，极大地增加了有机类材料在水工中的应用。对于水工混凝土裂缝的修补不仅需要新材料的填充，更需要新技术的支撑。近年来，新技术主要集中在钢板及碳纤维补强加固技术和体外预应力加固技术的应用。而常用的施工修复方法则是表面修补法、高压灌浆法、填充法，或者某几种方法的结合。

不可否认，当前的水工混凝土裂缝修补在材料和技术两个方面取得了较大的进展，尤其是在我国的水工混凝土结构中的应用。但遗憾的是，并没有一些较为通用的方法去解决混凝土裂缝问题，这就使得水工混凝土裂缝的处理相对复杂，需要进一步开展研究。

1.6 背景工程

依托工程位于辽宁省中部地区的某水库，是一座以防洪为主，兼顾灌溉、工业用水，并结合供水进行发电等综合利用的大型水利枢纽工程。该水库始建于20世纪60年代，因当年遭遇特大洪水而被迫停工，20世纪70年代续建并竣工。水库控制流域面积6175km²，总库容7.91×10⁸m³，汛限水位77.8m，100年一遇洪水设计，设计洪水位101.8m，1000年一遇洪水校核，校核洪水位102.0m，大坝为二级建筑物。大坝为混凝土重力坝，由挡水坝段、溢流坝段、电站坝段三部分组成，大坝全长532m，共31个坝段，其中：1～3号和22～31号为挡水坝段，长217.3m；4～18号为溢流坝段，长274.2m；19～21号为电站坝段，长40.5m。坝顶高程103.50m，最大坝高50.3m。溢流坝段位于主河床，堰顶高程84.80m，设14个溢流孔，由14扇12m×12m弧形钢闸门控制。闸墩间隔布置6个泄流底孔，孔口尺寸为3.5m×8.0m，采用平板钢闸门控制。电站装机5台，总装机容量4.444×10⁴kW。2013年有关部门提出了该水库"大坝安全鉴定报告书"，根据安全鉴定结论，该水库大坝存在严重安全隐患，根据《水库大坝安全鉴定办法》，建议尽快进行除险加固。根据该工程除险加固依据、工程等级和标准以及存在的主要裂缝问题，制定裂缝阻裂加固方案。

1.6.1 大坝裂缝

坝内设有三条纵向廊道，三条横向廊道，四个进出口。危害最大的裂缝是排水廊道顶拱上的纵向裂缝和横向廊道里的一些环向裂缝。横向廊道内裂缝以23号坝段顶拱环向裂缝最为严重，此裂缝与上游面裂缝、灌浆廊道裂缝相贯通。23号坝段横向廊道内在0+18.4和0+28.2处各有纵缝一条。严重的大坝纵缝有：5，7，23号坝段排水廊道均自基础向上开裂，至下游坝面不足2.5，1.7，2.3m；8，9，10，12，16号坝段排水廊道顶拱均有纵缝。除边坝段1，2，28，29，30，31号外，挡水坝段、溢流坝段、电站坝段均有纵缝存在，比较重要纵缝共计67条，纵缝详细统计见《某水库大坝重要裂缝及稳定安全专题分析研究报告》。自基础向上开裂的纵向裂缝已接近下游坝面或与闸墩裂缝连通，将大坝沿上下游方向分为两个或三个部分，严重破坏了大坝的整体性。从裂缝对坝体危害程度看，排水廊道顶拱纵向裂缝对大坝整体性的破坏很大。

1.6.2　闸墩裂缝

除15号坝段只有一条贯穿性裂缝，17号坝段闸墩无贯穿性裂缝外，其余闸墩贯穿性裂缝数量以3条和4条居多。现场检查闸墩裂缝有规律地出现于牛腿上游，钢闸门下游，且距离牛腿较近，裂缝自下而上延伸，有的连续，有的间断，在闸墩两侧几乎呈对称分布，所有宽墩和7，9，11，13号窄墩均有贯穿性裂缝。宽墩左右两侧在桩号0+007～0+008和0+012.0～0+013.6处均有自墩顶向下延伸到堰面的裂缝，此类裂缝已贯穿闸墩至堰面。窄墩桩号0+007～0+008处有墩顶延伸到堰面的裂缝。4～18号闸墩裂缝重要裂缝共计102条。检修门闸墩最薄处厚度1.85m，工作门闸墩最薄处厚度1.781m，通气孔闸墩最薄处厚度2.2m。由于检修门槽、工作门槽、通气孔存在应力集中，且应力集中部位闸墩较薄，致使宽墩裂缝较为严重，所以底孔闸门井布置引起应力集中是一个因素。裂缝产生后，由于未及时修复和封堵缝口，导致水渗入裂缝，低温季节水结冰，冻融使裂缝发展迅速，混凝土闸墩遭受严重破坏。闸墩贯穿性裂缝严重破坏了闸墩的整体性，引起宽墩渗水。特别是带底孔宽墩裂缝分布于距坝轴线7m和13m的裂缝，受气温变化影响明显，该处混凝土较薄，只有1m多，不足2m，渗水严重，加速了钢筋锈蚀，尤其是工作闸门两侧裂缝切断了闸墩，其下游侧正是弧门铰座牛腿，是闸门主要支撑部分，这个危害性是不可忽视的。

➪ 1.7　检测内容、方法与仪器设备

1.7.1　检测内容

根据工程情况、管理运行中存在的具体问题，综合确定检测内容如下。挡水坝段：外观普查、断面尺寸复核、混凝土抗压强度、混凝土抗渗性、混凝土抗冻性、混凝土碳化深度、混凝土冻融损伤深度、坝体内部缺陷；溢流坝段：外观普查、混凝土抗压强度、混凝土抗渗性、混凝土抗冻性、混凝土碳化深度、钢筋保护层厚度、钢筋分布、钢筋腐蚀、混凝土冻融损伤深度、堰面及闸

墩内部缺陷；裂缝抽查；坝体内部混凝土质量；观测设施有效性。表面裂缝数量采用现场目测方法，编号按"闸墩编号–裂缝流水号"，裂缝流水号先闸墩左侧面，然后右侧面，由上游至下游依次连续编号。裂缝分布采用现场网格量测方法，裂缝起点为裂缝最高点或裂缝最上游点，裂缝终点为裂缝最低点或裂缝最下游点。裂缝代表性宽度采用裂缝测宽仪进行现场探测，从仪器的探头显示器上读取数据。裂缝代表性深度结合现场条件分别采用超声法或灌水法或钻芯法进行现场探测。裂缝宽度连续监测采用在代表点安装NVJ型振弦式测缝计（位移计）进行连续监测。裂缝内部宽度、深度及走向和裂缝跨越钢筋锈蚀情况采用钻芯法测量。闸墩内部裂缝及其他缺陷情况采用探地雷达法，在代表性区域，沿布设的水平和竖直测线进行探测扫描，通过图像解译进行分析判断。

1.7.2　检测方法

主要检测方法见表1.2。

表1.2　检测方法

序号	检测内容	检测方法
1	外观质量普查	钢尺量取配以图形和照片进行描述。对于裂缝宽度可采用裂缝宽度测试仪进行测量，贯穿性裂缝灌压力水检测
2	断面尺寸复核	水准仪、角度尺、米尺等进行测量
3	混凝土抗压强度	回弹法和钻芯法
4	混凝土抗渗性及抗冻性	抗冻性和抗渗性采用钻芯法取试样进行室内实验，参照水利行业规范中相关规定进行
5	混凝土冻融损伤深度	参照国家标准中相关规定进行
6	混凝土碳化深度	酚酞试剂测定法
7	钢筋保护层厚度及钢筋分布	探地雷达法
8	钢筋锈蚀程度检测	半电池电位法
9	钻芯检测裂缝深度	钻芯法
10	蚀余厚度	超声测厚仪检测
11	坝体内部缺陷	探地雷达法
12	观测设施有效性	查看记录
13	坝肩稳定性	照片定性描述

1.7.3 主要仪器设备

主要检测仪器设备见表1.3。

（1）裂缝测深仪

BJCS-1型智能裂缝测深仪适用于对混凝土裂缝的深度及走向进行检测，是在混凝土裂缝深度检测领域应用广泛的一种实用工程测量仪器。

（2）NVJ型振弦式测缝计（位移计）

振弦式仪器测量的量采用频率模数 F 来度量，其定义为：

$$F = \frac{f^2}{1000} \tag{1.1}$$

式中，f——振弦式仪器中钢丝的自振频率，Hz。

表1.3　检测设备

序号	仪器名称	型号	精度	单位	数量	受控状态
1	混凝土钻芯机	CF-8	—	台	2	受控
2	电锤	ZIC-S043-22	—	台	2	受控
3	万能材料试验机	JWAW-100	0.1kN	台	1	受控
4	岩石切磨机	DQ-1	—	台	1	受控
5	回弹仪	ZC3-A	—	个	2	受控
6	钢尺	50m	1mm	把	2	受控
7	钢尺	5m	1mm	把	2	受控
8	钢板尺	0.5m	1mm	把	1	受控
9	振弦式测缝计（位移计）	NVJ型	0.01mm	套	1	受控
10	非金属超声仪	CTS-300	±0.1mm	台	1	受控
11	裂缝测深仪	BJCS-1型	±0.1mm	台	1	受控
12	裂缝测宽仪	DJCK-2	0.01mm	台	1	受控
13	钢筋定位仪	DJGW-2A	1mm	台	1	受控
14	电子水准仪	ZDL700	—	台	1	受控
15	靠尺	JGQ-2	—	把	1	受控

表1.3（续）

序号	仪器名称	型号	精度	单位	数量	受控状态
16	探地雷达	RIS	—	台	1	受控
17	钢筋锈蚀分析仪	CANIN	—	台	1	受控
18	超声测厚仪	CTS-30	±0.1mm	台	1	受控
19	混凝土快速冻融机	YT0380		台	1	受控
20	动弹模量检测仪	DT-12W		台	1	受控
21	混凝土抗渗仪	HS40WA		台	1	受控

① 当外界温度恒定，测缝计仅受到轴向变形时，其变形量 J' 与输出的频率模数 ΔF 具有如下线性关系：

$$J' = k \times \Delta F \tag{1.2}$$

$$\Delta F = F - F_0 \tag{1.3}$$

式中：k——测缝计的最小读数，mm/kHz²，由厂家所附卡片给出；

ΔF——实时测量的测缝计输出值相对于基准值的变化量，kHz²；

F——实时测量的测缝计输出值，kHz²；

F_0——测缝计的基准值，kHz²。

② 当测缝计不受外力作用时仪器前后两个安装座的标距不变，若温度增加 ΔT，测缝计有一个输出量 $\Delta F'$，这个输出量仅仅是由温度变化而造成的，因此在计算时应给以扣除。通过实验可知：$\Delta F'$ 与 ΔT 具有下列线性关系：

$$k\Delta F' = -b\Delta T \tag{1.4}$$

$$\Delta T = T - T_0 \tag{1.5}$$

式中：b——测缝计的温度修正系数，mm/℃，由厂家所附卡片给出；

ΔT——温度实时测量值相对于基准值的变化量，℃；

T——温度的实时测量值，℃；

T_0——温度的基准值，℃。

③ 埋设在混凝土建筑物内或其他结构物上的测缝计，受到的是变形和温度的双重作用，因此测缝计一般计算公式为：

$$J = k(F - F_0) + (b - \alpha)(T - T_0) \tag{1.6}$$

式中：*J*——被测结构物的变形量，mm；

      α——被测结构物的线膨胀系数，mm/℃。

仪器的线性膨胀系数大致在 $11.0×10^{-6}$mm/℃，非常接近混凝土线性膨胀系数 *α*，因此温度修正几乎可以忽略。由于温度修正系数 $b - α ≈ 0$，测缝计一般计算公式为：

$$J = k\Delta F \tag{1.7}$$

仪器主要由振弦式敏感部件、拉杆及激振拾振电磁线圈等组成，根据应用需求有埋入式和表面安装两种基本结构形式。埋入式测缝计外部由保护管、滑动套管和凸缘盘构成，见图1.8。表面安装型测缝计的两端采用带固定螺栓的万向节，以便与两端的定位装置连接。见图1.9。

图1.8　仪器结构

图1.9　万向节结构

（3）探地雷达

为了保证对各种目标物都能得到清晰的探测效果，选择多种组合式天线阵和一体化天线阵。天线阵技术采用了多种频率配合工作的模式，以更快的速度和更高的分辨率一次同时完成深部和浅部的探测，大大提高了工作效率和探测准确度，能成倍节约探测时间，提供更准确、更全面、更可靠的探测数据。天线阵频率囊括25MHz非屏蔽天线，40MHz半屏蔽天线，80，200，600，900，1600MHz天线等。探测深度 0.3～10m，甚至几十米。探测识别扫描高效，扫描速度达到4750扫/秒。

探地雷达适用于建筑物结构检测、钢筋分布与定位、钢筋保护层厚度检测，建筑探伤（空洞、裂缝、蜂窝等）检测、建筑物内隐蔽物查找。

1.7.4 检测依据

检测主要依据相关规程、规范和标准：DL/T 5251—2010《水工混凝土建筑缺陷检测和评估技术规程》、DL/T 5150—2001《水工混凝土试验规程》、SL 352—2006《水工混凝土试验规程》、JGJ/T 152—2008《混凝土中钢筋检测技术规程》、SL 52—1993《水利水电工程施工测量规范》、DL/T 5010—2005《水利水电工程物探规程》、DL/T 5144—2001《水工混凝土施工规范》、GB/T 50344—2004《建筑结构检测技术标准》、SL 319—2005《混凝土重力坝设计规范》、SL/T 191—2008《水工混凝土结构设计规范》、SL 176—2007《水利水电工程施工质量检验与评定规程》、SL 253—2000《溢洪道设计规范》。

1.8 主要研究工作

以某水库溢流坝闸墩实际工程作为背景，分析优选混凝土裂缝属性诊断仪器，并进行代表性裂缝长期连续跟踪监测，为结构数值仿真计算分析提供基础数据。主要研究内容如下：

① 在认识钢筋混凝土闸墩混凝土断裂危害性的基础上，结合钢筋混凝土闸墩断裂特性研究现状，开展钢筋混凝土闸墩断裂成因分析、钢筋混凝土闸墩断裂影响因素研究，建立提高钢筋混凝土闸墩结构断裂特性措施理念。深入认识钢筋混凝土闸墩混凝土断裂危害性：混凝土裂缝含义、钢筋混凝土闸墩混凝土裂缝分类、钢筋混凝土闸墩混凝土断裂危害性、钢筋混凝土闸墩混凝土断裂典型实例；明确钢筋混凝土闸墩断裂特性研究现状：钢筋混凝土闸墩断裂成因分析、钢筋混凝土闸墩断裂影响因素、提高钢筋混凝土闸墩结构断裂特性措施、钢筋混凝土闸墩数值分析发展、钢筋混凝土闸墩裂缝修补技术发展。

② 钢筋混凝土闸墩断裂特性分析方法。在钢筋混凝土闸墩混凝土断裂危害性分析、混凝土断裂特性研究、混凝土断裂力学的理论研究的基础上，建立混凝土结构断裂特性的模型；依据纤维阻裂理论开展混凝土断裂特性的改进方法研究。

③ 钢筋混凝土闸墩裂缝无损检测诊断。依据检测方法与主要仪器设备和检测目的及内容，建立检测依据、评估标准及判定原则和方法。依托检测诊断

工程，开展以下诊断工作：泄洪闸闸墩混凝土工程裂缝数量；泄洪闸闸墩混凝土工程裂缝分布普查，绘制分布图；泄洪闸闸墩混凝土工程代表性裂缝宽度；泄洪闸闸墩混凝土工程代表性裂缝深度；泄洪闸闸墩混凝土工程代表性裂缝宽度连续监测；泄洪闸闸墩混凝土工程代表性裂缝骑缝钻芯，探测裂缝内部宽度、深度及走向；泄洪闸闸墩混凝土工程代表性部位内部裂缝等缺陷探地雷达法探测，混凝土密度、抗压强度、弹性模量、泊松比性能指标检测；泄洪闸闸墩混凝土工程代表性裂缝并跨越钢筋处钻芯，探测钢筋锈蚀情况并取样进行钢筋试样容重、抗拉强度、弹性模量、泊松比等物理力学性能检测诊断，进行水库闸墩裂缝无损检测综合评价。

④ 钢筋混凝土闸墩阻裂加固材料性能试验。开展钢纤维混凝土抗裂性能试验分析和碳纤维布抗裂性能试验分析。研究探寻一种针对水工闸墩混凝土裂缝修补的较为通用处理办法或相关流程，以期待发展一种能解决类似问题的相关工艺。

⑤ 钢筋混凝土闸墩断裂力学特性数值分析。论述当前工程技术领域最常用、最有效的数值计算方法即有限元法，利用 ANSYS 软件对某水库 9m 宽墩的内部存在多孔洞（最大为 7m×5.1m）闸墩进行数值模拟，从混凝土线性静力分析的角度入手，建立钢筋混凝土闸墩断裂有限元基本理论和闸墩有限元模型，进行闸墩组合模型数值模拟分析——工况一、二、三、四荷载组合计算分析，分析判断裂缝主要成因、裂缝位置、开裂发展趋势。

⑥ 钢筋混凝土闸墩裂缝阻裂加固数值模拟。根据背景工程检测诊断成果、闸墩断裂阻裂材料性能试验成果、闸墩断裂力学特性数值分析成果及混凝土断裂力学理论，建立钢筋混凝土裂缝阻裂加固处理原则，研究提出针对不同破坏程度的钢筋混凝土闸墩断裂裂缝阻裂加固方法。并模拟应用于背景工程闸墩断裂裂缝阻裂加固，进行阻裂加固数值模拟计算，分析判断钢筋混凝土闸墩阻裂加固实体工程应用的适宜性和合理性。

⑦ 钢筋混凝土闸墩断裂加固实例工程。根据实例工程安全检测与鉴定结论，研究提出各部位混凝土断裂加固方案，开展钢筋混凝土闸墩阻裂加固实体工程应用研究，跟踪各实例工程加固后运行效果。

1.9　研究技术路线

在工程实际问题分析基础上，建立研究技术路线，见图 1.10，分析优选裂缝属性诊断设备仪器，选择工程代表性裂缝进行连续跟踪监测。针对闸墩各工况下的受力状态进行分析，采用第一强度准则，判断闸墩开裂原因及裂缝分布；针对工程实际问题及计算分析，研究提出工程修补加固技术方案，并采用ANSYS有限元软件对工程修补加固技术方案效果进行分析评价。研究具体方法如下：

```
                              ┌──────────────────────┐
                              │  混凝土断裂特性研究现状  │
                              └──────────────────────┘
┌──────────────────┐   ┌──────────────┐   ┌──────────────┐
│ 工程实际问题危害性分析 │   │ 理论研究现状综述 │◄──│  有限元法研究现状 │
└──────────────────┘   └──────────────┘   └──────────────┘
                              ┌────────────────────────┐
                              │ 混凝土断裂加固方法研究现状 │
                              └────────────────────────┘
        │
┌────────────────────────┐
│ 混凝土断裂属性诊断及跟踪监测 │
└────────────────────────┘
        │
┌──────────────┐
│ 断裂理论分析研究 │
└──────────────┘
        │
┌──────────────────────────┐
│ 混凝土修补加固新材料性能试验研究 │
└──────────────────────────┘
        │
┌──────────────┐
│ 选取闸墩力学模型 │
└──────────────┘
        │
┌──────────────┐
│ 构建有限元模型 │
└──────────────┘
        │
┌──────────────┐   ┌──────────────┐
│ 整体式模型分析 │   │ 组合式模型分析 │
└──────────────┘   └──────────────┘
        │
┌──────────────┐   ┌────────────────────┐
│ 闸墩应力计算 │   │ 闸墩裂缝分布、成因分析 │
└──────────────┘   └────────────────────┘
        │
┌────────────────────┐
│ 混凝土修补加固技术方案 │
└────────────────────┘
        │
┌──────────────────────────────┐
│ 混凝土修补加固后效果分析、实例评价 │
└──────────────────────────────┘
        │
┌──────────┐
│ 研究总结 │
└──────────┘
```

图1.10　技术路线

① 在理论分析研究的基础上，建立合理的有限元计算模型，考虑闸墩混凝土未开裂前的多种工况，对闸墩结构采用组合式有限元模型进行计算，分析模型计算结果，比较不同荷载对闸墩结构的作用及影响，并与工程实际开裂情况进行比对，确定闸墩裂缝的位置分布及主要成因，分析计算模型的可靠性，为工程实际问题的数值仿真计算分析提供指导。对已开裂的混凝土闸墩进行数值仿真计算，分析裂缝后续扩展趋势，为优选混凝土闸墩修补加固技术方法提供工程需求基础。

② 开展碳纤维布及其配套产品性能试验、应用示范试验、施工工艺试验；开展钢纤维混凝土新型抗裂修补材料试验研究，分析提出钢纤维混凝土抗裂修补材料最优特征参数，为工程修补加固奠定材料性能试验基础。

③ 根据依托工程检测诊断、材料性能试验、数值计算及理论分析成果，研究提出裂缝阻裂加固方法。对修补加固后的闸墩结构进行计算分析，确定修补加固技术方法的可靠性。

④ 跟踪修补加固工程应用实例，综合分析阻裂加固运行效果，以工程实践分析判断阻裂加固技术方法的可靠性。

⑤ 通过综合分析各项研究成果，提出本书研究结论。

实例工程应用工作：某水库工程混凝土断裂加固（依据检测及安全鉴定，研究提出各部位混凝土断裂加固方案），某水库闸墩钢纤维混凝土工程应用研究（依据工程背景，研究制定溢洪道工程加固方案，开展闸墩钢纤维混凝土工程应用、运行效果分析）；某拦河闸枢纽闸墩钢纤维混凝土工程应用研究（依据工程背景，研究制定闸墩工程加固方案，开展闸墩钢纤维混凝土工程应用、运行效果分析）；辽绕闸站闸墩碳纤维布加固工程应用研究（依据工程背景，研究制定闸墩加固方案，开展闸墩碳纤维布加固工程应用、运行效果分析）。重点围绕如下关键问题展开研究：

① 对水闸闸墩裂缝成因、分布及开裂趋势进行现场调查、检测和数值分析，为判断危险区域和制定加固方案提供依据。

② 在诊断分析闸墩裂缝特性基础上，针对不同开裂度提出纤维混凝土和碳纤维布加固方法，给出钢纤维最优体积率、配合比及基本参数。

③ 建立适合于闸墩的开裂和加固后特性的有限元模型，计算分析主要设计参数对其受力性能的影响。

2　钢筋混凝土闸墩断裂阻裂机理分析

钢筋混凝土工程行业的迅猛发展，带动混凝土结构不断趋于大型化和复杂化，如高层混凝土建筑结构、水工混凝土大坝、核电站混凝土以及地下混凝土墙等相继出现。运用常规的混凝土力学理论已不能满足这类混凝土结构的安全承载分析的需要，人们开始转变思维，将早期成功应用于金属材料的断裂力学移植于非金属材料领域，这对改进工程结构的设计和施工方法具有十分重要的理论和现实意义，目前混凝土断裂力学已经在国内外土木建筑类工程中得到相当广泛的应用，并取得了很多有价值的研究成果。

为此，本章围绕钢筋混凝土闸墩断裂特性分析方法，在对混凝土断裂特性研究、混凝土断裂力学的理论基础深入分析的基础上，合理选择和修正混凝土结构断裂特性的模型，展开纤维阻裂理论——纤维阻裂影响因素、纤维阻裂作用、纤维阻裂机理的研究，通过材料特性和加固措施的研究，改进混凝土的断裂特性。建立钢筋混凝土闸墩断裂特性分析方法。

2.1　混凝土断裂特性研究

断裂力学的基本概念最早是由英国物理学家 Griffith 于 20 世纪 20 年代初在对玻璃的抗拉强度试验研究中提出来的。发展到 20 世纪四五十年代，断裂力学在金属构件脆性断裂和疲劳破坏中广泛应用，线弹性断裂力学理论得到了不断的充实和完善，促使了断裂力学在其他非金属材料中的应用。混凝土是一种非均质的多相体系，宏观上它是水泥浆、一定尺寸和形状的细骨料、一定粒度的粗骨料以及各种形式的空隙的混合物，在制作、施工以及使用等一系列过程中不可避免地会出现一些微小的裂缝或其他缺陷，这些裂缝或缺陷会在某种应力状态下逐渐扩展成构件的断裂破坏。因此，混凝土断裂力学应运而生。

① 1976 年，瑞典隆德工学院的 Hillerborg 教授提出了虚拟裂纹模型（fictitious crack model，FCM），该模型以混凝土杆件单轴受拉时的断裂实验为基础，基本上避开了金属断裂力学的影响，为混凝土断裂力学的发展开拓了新的道路，人们开始把研究的重点转向非线性断裂力学，针对混凝土裂缝扩展和断裂分析问题，研究人员相继提出了新假设、新理论和新的试验方法，并取得了丰硕的理论成果。

② 美国西北大学的 Bazant 教授及合作者提出的钝裂缝带模型（blunt crack band model，BCBM），成功地应用于混凝土结构和钢筋混凝土结构破坏过程中有限单元法数值分析中。

③ 在混凝土断裂研究中涉及损伤力学的应用，继而发展成为概率断裂力学。

④ 对于裂缝失稳断裂前的稳定扩展阶段，研究者们进行了大量的研究，基本思想是以临界应力强度因子为参量的各种混凝土断裂模型，如 Jenq 和 Shah 提出的双参数断裂模型（two-parameters fracture model，TPFM）、Bazant 提出的尺寸效应模型（size effect model，SEM）、Swartz 和 Karihaloo 提出的等效裂缝模型（effective cracks model，ECM）。

⑤ 徐世烺教授和 Reinhardt 提出了新的断裂模型——双 K 断裂模型（double-K model）和新的 K_R 阻力曲线（cohesive-force-based K_R curve）。两种模型是把裂缝黏聚力和等效裂缝相结合并以应力强度因子为参量进行研究的。

⑥ 吴智敏教授及其合作者基于虚拟裂缝模型和平截面假定提出了解析模型（analytical model），用此模型能够得出三点弯曲梁的某些重要参数。

⑦ 观测裂纹的方法多种多样，有光弹性贴片法、激光散斑法、电测法、切片观察法、超声波探测法、声发射法、二射线法和电阻应变片等多种方法。

在此期间，国际上也相继举办了关于混凝土断裂力学的会议。1973 年，在第三届国际断裂力学大会（ICF3）上设专题讨论了混凝土断裂力学问题；1979 年，在国际结构和材料研究所联合会（RILEM）上举行了首次混凝土断裂力学讨论会，此后几乎每年都召开一次，并发表了数量相当可观的试验和理论研究成果；1988 年，在国际岩石力学学会（ISRM）上，试验方法委员会公布了岩石 I 型断裂韧度测试的建议方法；1989 年，美国土木工程学会 ACI446 委员会预测：近十几年形成的这些理论将面临最终的突破，并导致以引进断裂力学方法进行结构设计为标志的第三次重大革命。1992 年，第一届国际混凝土结构断裂力学协会（FraMCoS-1）在美国成功召开。

从20世纪70年代开始，国内的学者和工程师对混凝土断裂力学展开了大量的研究。在1973年的水利大检查中发现，某水库存在着巨大的隐患，大坝溢洪道的中墩出现严重垂直裂缝，闸墩可能会被劈成两截，接下来在我国工程界也相继发生了脆断等低应力破坏。由于用传统力学方法难以解决这些问题，1980年，科学院、工程院院士潘家铮教授首次建议在水工结构设计中采用断裂力学方法；水科院研究所的于骁中高级工程师首次对混凝土进行了断裂韧度试验，并用断裂力学方法分析了裂缝的稳定性。此后，国内的学者们在这一领域进行了大量的理论和试验研究，相继取得了一批重要成果。并将研究成果应用于混凝土大坝等重要工程项目的裂缝防治和开裂加固中。随着我国经济建设的蓬勃发展，大型基础建设项目日益增多，长江三峡和南水北调重大工程、西部大开发重要工程、振兴东北老工业基地中的许多大型项目的建设顺利开展都涉及对工程中对结构体裂缝问题的防治工作。可见，混凝土断裂力学的广泛实验和发展对于工程实际来说具有极其重要的意义。90年代末，我国学者徐世烺教授通过对大量试验数据的分析总结，从试验技术和基本理论方面系统全面地介绍了双K断裂理论。该理论提出的两个断裂控制参数起裂韧度和失稳韧度，能够很好地捕捉到整个断裂过程的两个主要控制点，所发展的闭合解析解不仅形式简单而且物理意义明确，使用的技术方法也简单易行。2001年国家经济贸易委员会下达〔2001〕44号文制定水电水利行业推荐标准《水工混凝土断裂试验规程》，这是我国第一部拥有自主知识产权的混凝土断裂韧度试验规程，2006年6月1日，规程正式实施。该规程以双K断裂理论作为理论依据，规程中详细介绍了混凝土断裂力学的试验方法和双K断裂参数的求值公式，为今后研究混凝土断裂力学提供了统一的试验标准，特别对水工混凝土建筑物的抗裂、防裂设计和对水工混凝土建筑物裂纹扩展的稳定性、安全性评价提供了充足的试验依据。

2.2　混凝土断裂力学的理论基础

到目前为止，国际上许多学者已先后提出混凝土断裂的模型。主要有：

（1）虚拟裂缝模型

在混凝土裂缝失稳扩展前，裂缝的前端已经出现了大量的微裂区，通过以往大量理论和实践总结得出，该微裂区呈条带状分布，混凝土裂缝的扩展总是以该微裂区为"先导"。因此,它的出现将削弱混凝土裂缝尖端部分材料抵抗外力的能力。随着微裂区的不断发展,其抵抗开裂的能力不断减小,当微裂区扩展宽度达到材料的极限宽度ω_0时,所传递的应力降为零,同时出现宏观的裂缝。依据混凝土裂缝扩展过程的上述特点,虚拟裂缝模型认为可以将微裂区简化成一条"虚裂纹",虚裂纹的张开宽度ω代表了微裂区变形量的大小。虚裂纹面上某一点所传递的软化应力$\sigma(x)$与该点虚裂纹面的张开宽度$\omega(x)$之间的关系称为材料软化曲线。模型所需参数为断裂能G_F、抗拉强度f_t及应变软化曲线($\sigma - \omega$曲线)。

(2)双参数模型

该模型是以临界应力强度因子$K_{IC}{}^S$和临界裂缝尖端张开位移$CTOD_c$为主要参数的,综合考虑真实裂缝与微裂区之间的关系,并将其化作一有效裂缝,即$a_c = a + \Delta a$。用线弹性断裂力学的理论求解,并与数值计算方法相结合,即有效裂缝尖端张开位移达到临界值时裂缝开裂。可通过荷载P与裂缝口张开位移$CMOD$的关系来解释。当荷载P尚未达到$0.5P_{max}$时,荷载-裂缝口张开位移($P\text{-}CMOD$)关系曲线是线性的。此段上,裂缝尖端张开位移可以忽略,应力强度因子K_I小于$0.5K_{IC}{}^S$时,当荷载P超过$0.5P_{max}$后,出现了非常明显的非线性位移和缓慢的裂缝扩展。当达到临界点时,应力强度因子$K_I = K_{IC}{}^S$。$K_{IC}{}^S$值可通过G型或N型试件所测峰值荷载以及有效裂缝长度a来确定。而临界裂缝尖端张开位移$CTOD_c$只能由G型实验的峰值点确定。根据定义可知,在拉荷载作用下,三点弯曲、四点弯曲、单边开缝试件和双边开缝试件的试验均属于G型试验。但裂缝表面中心处点荷载作用条件下的中心裂缝板试验属于N型试验。该模型计算有效裂缝长度时仅考虑位移中的弹性部分,没有考虑不可恢复变形对裂缝长度的贡献,线弹性断裂力学在这种模型中的应用受到限制。

(3)钝裂缝带模型

美国西北大学的Bazant教授提出的钝裂缝带模型(BCBM)将断裂过程看成微裂缝均匀且平行分布在一个深度为h_c的区段具有缝端宽度的裂缝带内,该模型采用数值分析的有限元法来求解,与其他模型相比,具有一定的优越性,需要的参数有抗拉强度f_t和原始高度h_0。在研究混凝土裂缝扩展时,用一条包含密集而平行裂缝的窄带来模拟实际裂缝和裂缝区。这条裂缝带有一定的宽度,加上缝端也有一定的宽度,即缝端不是尖的,所以把这种模型叫作钝裂缝带模型。如果把裂缝带看成正交各向异性介质,就能方便地确定裂缝带区域和结构的应力和变形。钝裂缝带模型实际上是把传统断裂力学中的裂缝稳定性分析问题变为研究连续介质变形的问题。可以自动形成新的裂缝，而不必改变原始的网络图，而且能表示任何方向的裂缝。

（4）双 K 断裂准则

1999年，我国学者徐世烺教授在吸取了以往众多混凝土断裂模型的优点，并综合考虑各自的局限性的基础上，提出了简单适用的裂缝扩展准则——双 K 断裂准则，该准则是以线弹性断裂力学为基础的，考虑断裂过程区 FPZ 上黏聚力的影响而建立起的混凝土非线性断裂模型。它具有较为完备的理论基础，并可以借助于简单的实验方法确定其断裂参数，有望在实际工程中被推广和应用。该准则中引入两个断裂参数：起裂断裂韧度 $K_{IC}{}^q$ 和失稳断裂韧度 $K_{IC}{}^s$。试验证明，在一定尺寸条件下这两个参数不具有尺寸效应，能很好地作为断裂参数应用于混凝土结构裂缝扩展的分析中，并已得到了广泛关注和研究。

双 K 断裂准则可叙述为：当裂缝的应力强度因子 K 达到材料起裂断裂韧度 $K_{IC}{}^q$ 时，裂缝起裂；当应力强度因子 K 大于材料起裂断裂韧度 $K_{IC}{}^q$ 且小于材料失稳断裂韧度 $K_{IC}{}^s$ 时，裂缝处于稳定的扩展阶段；而当应力强度因子 K 达到或大于材料失稳断裂韧度 $K_{IC}{}^s$ 时，裂缝处于临界状态并进入不稳定扩展，即结构发生失稳断裂。如下所示：

① 当 $K < K_{IC}{}^q$ 时，裂缝不起裂。

② 当 $K = K_{IC}{}^q$ 时，裂缝开始稳定扩展。

③ 当 $K_{IC}{}^q < K < K_{IC}{}^s$ 时，裂缝处于稳定扩展阶段。

④ 当 $K = K_{IC}{}^s$ 时，裂缝开始失稳扩展。

⑤ 当 $K > K_{IC}{}^s$ 时，裂缝处于失稳扩展阶段。

对于实际应用，$K = K_{IC}{}^q$ 可作为主要结构的裂缝扩展判断准则；$K_{IC}{}^q < K < K_{IC}{}^s$ 可作为主要结构的失稳扩展前的安全警报；$K = K_{IC}{}^s$ 可作为一般结构的裂缝扩展的判断准则。裂缝刚开始扩展时，结构处于弹性阶段，相应的状态为初始裂缝长度 a_0 和起裂荷载 P_{ini}，通过这两个参数可以确定 $K_{IC}{}^q$ 值，它表示结构材料要形成虚拟裂缝所抵抗外力的能力。而在临界失稳状态下，虚拟裂缝已经有一定的扩展量，用临界弹性等效裂缝长度 a_0 和极值荷载 P_{max}，可确定失稳断裂韧度 $K_{IC}{}^s$。它表示在此临界状态下构件对外力的抵抗能力。在实际计算中，将上述值代入应力强度因子公式，计算获得的起裂断裂韧度 $K_{IC}{}^q$ 和失稳断裂韧度 $K_{IC}{}^s$。双 K 断裂准则考虑裂缝前端断裂过程区的黏聚力的影响，认为起裂断裂韧度和失稳断裂韧度不是孤立存在的，它们与黏聚力引起的断裂韧度有如下的关系：

$$K_{IC}{}^{\varrho} = K_{IC}{}^{s} - K_{IC}{}^{c} \tag{2.1}$$

尽管黏聚力引起的断裂韧度可以从黏聚力在断裂过程区的分布通过相关力学手册获得计算公式，但是公式具有计算复杂性和积分的不可积性。双 K 断裂准则提出一个比较实用的简化计算公式，通过这一简化公式可以较方便地计算 $K_{IC}{}^{c}$，具有较高的精度，同时避免了因为复杂的数值积分带来的误差。

（5）混凝土 K_{R}-阻力曲线

混凝土 K_{R}-阻力曲线在尺寸效应方面有良好的特性，有望进入工程实践的阶段。许多研究者如 Wecharatana 和 Shah，Hilsdorf 和 Brameshuber，Mai，Bazant，Karihaloo，Elices 和 Planas 都曾采用此种方法计算混凝土的 K_{R}-阻力曲线，用来描述混凝土结构中的裂缝扩展机理。混凝土的 K_{R}-阻力曲线表达式如下：

$$K = K_{R}(\Delta a) \tag{2.2}$$

式中：K——结构在某一外荷载状态下的应力强度因子。

对于任何形状的结构体，总可以借助解析解、有限元以及其他数值方法求出相应的缝端应力强度因子 K 值。K 值可以通过试验获得。因此，混凝土的试件裂缝扩展状态可通过比较应力强度因子 K 值和 K_{R}-阻力曲线得出：当 K 值位于 K_{R}-阻力曲线的下侧时，裂缝处于稳定的扩展状态，反之则裂缝失稳扩展。通常，在计算混凝土 K_{R}-阻力曲线时，都采用裂缝扩展长度及其相应的荷载计算出各时刻所对应的应力强度因子，得出阻力曲线。这种方法计算简便，但不能阐明其与混凝土的断裂过程区上虚拟裂缝黏聚力之间的关系。针对混凝土断裂的特点，徐世烺教授和 Reinhardt 提出基于虚拟裂缝扩展黏聚力的新的 K_{R}-阻力曲线解析计算方法，将其作为混凝土裂缝扩展的准则，来分析混凝土结构断裂的全过程裂缝扩展机理。

新 K_{R}-阻力曲线计算方法认为，阻力曲线由两部分构成：一部分是混凝土起裂前材料本身固有的抗裂能力，其值只与材料本身的性质有关，不受裂缝扩展情况的影响，称为起裂断裂韧度 $K_{IC}{}^{\varrho}$；另一部分是随着试件裂缝的扩展，由裂缝扩展的黏聚力提供的裂缝扩展阻力，它与混凝土的抗拉强度 f_t、虚拟裂缝扩展黏聚力 $f(\sigma)$ 和有效长度 a 有关，这部分的裂缝扩展阻力称为 $K^{c}(\Delta a)$。用公式表示为：

$$K_{R}(\Delta a) = K_{IC}{}^{\varrho} + K^{c}(\Delta a) \tag{2.3}$$

$K^{c}(\Delta a)$ 不仅与混凝土材料的抗拉强度 f_t 和虚拟裂缝区扩展长度 Δa 有关，

不同的黏聚力分布模型对该值也有一定影响，数学表达式如下：

$$K^c(\Delta a) = F\left[f_t,\ f(\sigma),\ \Delta a\right] \tag{2.4}$$

此方法具有比较完备的理论基础，涉及的断裂参数可以应用简单的断裂试验确定，同其他阻力曲线相比更具有实用性。

2.3　混凝土结构断裂特性的模型

混凝土结构断裂特性可用混凝土结构抗裂安全系数来表征。混凝土结构抗裂安全系数 K_0 是混凝土抗裂能力 σ 与产生裂缝的破坏力 P 之比。当 $\sigma > P$，不发生裂缝；当 $\sigma < P$，可能发生裂缝。

（1）方坤河、曾力等提出的抗裂安全系数模型

该抗裂安全系数模型是指在《水力发电》2004年第4期上发表的《碾压混凝土抗裂性能的研究》一文中提出的碾压混凝土抗裂性指标 K_0，其计算模型如下：

$$K_0 = \frac{\varepsilon_p R_l \times 10^4}{E_l\left(\alpha R\Delta T \pm \beta\varepsilon_s \pm G\right)} \tag{2.5}$$

式中：ε_p——混凝土极限拉伸，$\times 10^{-6}$；

　　　R_l——混凝土抗拉强度，MPa；

　　　E_l——混凝土拉伸弹模，MPa；

　　　α——线膨胀系数，$10^{-6}/℃$；

　　　R——约束系数；

　　　ΔT——温差，℃；

　　　β——养护条件系数，取 $0\sim1$；

　　　ε_s——混凝土干缩率，$\times 10^{-6}$；

　　　G——混凝土自生体积变形，$\times 10^{-6}$，膨胀取正值、收缩取负值。

式（2.5）的原意可能是碾压混凝土材料抗裂指数，但该式含有约束系数 R 与养护条件系数 β，涉及混凝土结构现场情况。而混凝土材料抗裂指数是不涉及约束系数与养护条件系数的。因此应将式（2.5）归为混凝土结构抗裂安全系数公式。式（2.5）没有考虑徐变变形引起的应力松弛系数 K_p。另外，式（2.5）分子为极限拉伸 ε_p 与抗拉强度 R_l 之乘积，不知是何物理意义，而分母为

弹性与温度变形、干缩变形、自生体积变形等三种变形之和的乘积，为产生混凝土裂缝的破坏力。分子不是抗裂能力 $\varepsilon_p E_l$，因此式（2.5）物理意义不明确。

（2）杨华全与李文伟提出的抗裂安全系数模型

该抗裂安全系数模型是指在《水工混凝土研究与应用》一书中提出的混凝土抗裂性评价指标之一，其抗裂安全系数模型为

$$K_0 = \frac{E_l \varepsilon_p}{\sigma_1 + \sigma_2} \tag{2.6}$$

$$\sigma_1 = K_p R \frac{E_l \alpha \left(T_p - T_f \right)}{1 - \mu} \tag{2.7}$$

$$\sigma_2 = K_p K_r A \frac{E_l \alpha T_r}{1 - \mu} \tag{2.8}$$

式中：σ_1——浇筑温度 T_p 与稳定温度 T_f 之差（均匀温差）引起的温度应力，MPa；

σ_2——水化热温升 T_r（不均匀温差）引起的温度应力，MPa；

R——基础约束系数；

K_p——考虑混凝土徐变的应力松弛系数；

K_r——考虑早期升温阶段的应力折减系数，0.75~0.85；

A——计算水化热温升的应力影响系数，0.35~0.47；

μ——混凝土泊松比，取1/6。

式（2.8）破坏力仅考虑温度变化产生的温度应力，而没有考虑混凝土自生体变形与干缩变形产生的拉应力。当然，施工期混凝土保持湿养护，干缩应力可以不考虑。

（3）丁宝瑛提出的抗裂安全系数模型

该抗裂安全系数模型是指在《大体积混凝土》一书中提出的抗裂安全系数模型，其模型为

$$K_0 = \frac{E_l \varepsilon_p}{\sigma_1 + \sigma_2 + \sigma_3} \tag{2.9}$$

$$\sigma_1 = \frac{K_p E_l \alpha A_1 \left(T_p - T_f \right)}{1 - \mu} + \frac{K_p E_l \alpha A_2 K_r T_r}{1 - \mu} \tag{2.10}$$

$$\sigma_3 = \frac{K_p E_l A_1 G \eta}{1 - \mu} \tag{2.11}$$

式中：σ_3——干缩应力，MPa，施工期保持湿养护，可不考虑；

   A_1——浇筑块的均匀温差约束系数；

   A_2——浇筑块不均匀温差约束系数；

   G——混凝土自生体积变形（膨胀取负值，收缩取正值）。

式（2.11）破坏力考虑了温度应力、干缩应力与自生体积变形应力，同时考虑了徐变变形引起应力松弛和结构约束系数，它是考虑因素最全面的抗裂安全系数模型。

2.4 纤维阻裂理论

利用纤维提高混凝土的抗裂性的研究可以追溯到古代，最早的纤维增强复合材料如草筋黏土砖和纸筋灰等。20世纪50年代以来，世界上许多工业发达国家关于纤维混凝土的研究取得了显著成就，其中包括钢纤维混凝土、玻璃纤维混凝土、聚丙烯纤维混凝土和碳纤维混凝土等。

邓东升研究了合成纤维对水工混凝土抗裂性能的影响，并认为掺入合成纤维对减少水工混凝土的收缩开裂具有显著影响。14～60d范围内纤维混凝土的收缩率比基准混凝土低34.2%～60.2%，7d龄期时的抗裂指标比基准混凝土提高了26%，28d龄期时则提高了82%。

高小建等通过在混凝土中加入减缩剂和聚丙烯纤维，研究混凝土的早期开裂，结果表明：加入减缩剂能显著地减轻混凝土早期开裂程度，掺聚丙烯纤维使混凝土早期开裂宽度减小，却增加了裂缝数量和开裂面积。

表2.1中列出了国家建筑材料测试中心对掺有体积率为0.1%的抗裂纤维混凝土与素混凝土1～14d的干缩率对比，表明低掺率的聚丙烯纤维有助于适度减少混凝土的干缩。

表2.1 混凝土的干缩

凝 期/d	素混凝土	掺抗裂纤维混凝土
1	0.0104	0.0073
3	0.0194	0.0179
7	0.0257	0.0224
14	0.0319	0.0267

Dave 和 Ellis 的试验结果表明：降低纤维直径并提高成型压力有利于聚丙烯纤维增强水泥初裂强度的提高和增进裂后的性能；当纤维直径一定时，增加纤维长度并相应提高纤维的长径比，无助于提高纤维水泥的初裂强度，但可显著改善纤维水泥的裂后性能；在低掺率的条件下，纤维水泥的裂后性能有明显改善。

中国纺织大学化纤研究所的郭海洋等做了改性聚丙烯纤维对混凝土开裂的影响实验，结果表明同样条件下纤维长度对抗裂性的影响有一个峰值，纤维长度 15 ~ 25mm 时是比较理想的。

此外，有研究表明，单一纤维的增强作用是有限的，而不同尺度和不同纤维混杂增强，使其在水泥基材中不同结构和不同性能层次上逐级阻裂和强化，充分发挥各纤维的尺度和性能效应，并在不同尺度和性能层次上相互激发、相互补充、取长补短，达到进一步提高阻裂和抗渗能力的目的。

混杂纤维增强复合材料的基本原理是使两种或多种纤维增强材料合理组合加入某一基材中，产生一种既能发挥不同纤维优点，又能体现它们的协同效应（synergistic effect）的新型复合材料，可明显提高或改善原先单一纤维增强复合材料的若干性能，并可降低其成本。

混凝土是一种脆性材料，它的延伸率非常低，远远小于纤维增强材料，所以在拉力的作用下，混凝土一旦达到其极限延伸率就发生开裂，从而发生破坏。在混凝土中掺加纤维，主要是利用纤维的高延性，吸收混凝土开裂时所释放的能量，并阻止混凝土中裂缝的产生和发展。

2.4.1 纤维阻裂影响因素

纤维的分布基本上可以分为三种：均匀分布；集中在混凝土关键性受力部位；均匀分布在混凝土某些部位进行纤维加密。

纤维的取向可分为：一维定向，二维定向，二维乱向，三维乱向。在纤维增强混凝土中，纤维的取向对荷载作用下纤维的利用率有很大影响，纤维的取向愈接近外力的方向则纤维的利用效率愈高。通常可以用纤维取向效率系数来表示。Krenehel 对纤维增强水泥基复合材料中各种纤维的取向 η_0 作了数理分析，并给出了公式。

纤维的种类不同其力学性能的参数如抗拉强度、弹性模量与极限延伸率不同，混凝土的破坏模式也不相同。即混凝土破坏时，纤维是拉断或者由基材中拔出又或是二者同时发生。同时由于纤维的弹性模量有很大的不同，这也决定了纤维在混凝土中所承担的应力的份额的多少，纤维的弹性模量与混凝土的弹性模量的比值 E_f/E_m 越大，受力时纤维的变形越小，通过纤维与混凝土界面的剪切应力而传递给纤维的力的份额也越高。

为了使纤维被充分利用，其长度必须超过一定的临界值，否则在纤维增强水泥基复合材料受拉或受弯达到极限状态时，短纤维只限于由水泥基材中拔出而不能拉断。纤维临界长度与纤维直径之比称为纤维临界长径比，长径比的不同会影响纤维的破坏形式。当长径比小于临界长径比时，纤维由水泥基材中拔出；当长径比等于临界长径比时，只有基材的微裂缝发生在纤维的中央时纤维才能拉断，否则纤维短的一方从基材中拔出；当长径比大于临界长径比时，纤维被拉断。纤维的临界长度计算公式为：

$$l_{fk} = \frac{d_f \sigma_f}{2\tau} \tag{2.12}$$

式中：d_f——纤维的直径，mm；

τ——纤维与水泥基材的平均黏结强度，MPa；

σ_f——纤维的抗拉强度，MPa。

2.4.2 纤维阻裂作用

纤维以三维乱向均匀分散于混凝土中，纤维由于其高抗拉强度、高韧性的特点，从而抑制和制止了混凝土中裂缝的发生与发展，增大了混凝土的韧性，提高了混凝土的抗拉强度和抗裂性能，使混凝土由原来的单缝脆性破坏转变为多缝韧性破坏。对比素混凝土与纤维混凝土受拉时的破坏过程：当素混凝土的拉应力达到混凝土的抗拉强度时出现大裂缝而断开，应力因而消失；而纤维混凝土因受力而产生拉应力，当纤维混凝土中的拉应力达到混凝土抗拉强度时出现大裂缝，但因纤维的阻裂作用使裂缝难于扩大，横跨裂缝的纤维又将拉应力传递至纤维混凝土未开裂的部位，因而出现新的细裂缝，最终在纤维混凝土中存在多处细裂缝，但纤维混凝土并未发生断开。

由此可见，当纤维混凝土因限制收缩而产生拉应力时，大量纤维的存在使应力被分散，不致发生应力集中现象。在混凝土中掺入纤维，由于表层材料中存在纤维，一方面使其失水面积有所减少，水分迁移较为困难，从而使毛细管失水收缩形成的毛细管张力有所减少；另一方面，高弹性模量的聚丙烯纤维相对于塑性浆体成为了高弹性模量材料，依靠纤维材料与胶凝材料之间的界面吸附黏结力、机械铆合力等，增加了材料抵抗开裂的塑性抗拉强度，从而使失水收缩产生的应力小于材料塑性抗拉强度，材料表面的开裂状况得以减轻，甚至消失。另外，由于纤维以单位体积内较大的数量均匀分布于混凝土内部，故裂缝在发展的过程中必然遭遇纤维的阻挡，消耗了能量，难以进一步发展，从而降低了混凝土的脆性，提高了混凝土的抗裂性能。

纤维在混凝土中的阻裂机理过程为：纤维达到其抗拉强度极限值而拉断，使混凝土的抗拉强度得以显著提高；纤维由基体中拔出有利于提高复合材料的韧性；纤维跨越裂缝，承受拉力，随基材开裂，复合材料仍有一定的承载能力和较高的延性；纤维与基材之间发生脱黏；纤维制止了大裂缝的延伸，在混凝土中产生若干条细裂缝，即所谓多点开裂。

2.4.3 纤维阻裂机理

复合材料在基体出现第一条裂缝后，如果纤维的拉出抵抗力大于出现第一条裂缝时的荷载，则它能承受更大的荷载。在裂开的截面上，基体不能抵抗任何拉伸，而纤维承担着这个复合材料上的全部荷载。随着复合材料上荷载的增大，纤维将通过黏结应力把附加的应力传递给基体。如果这些黏结应力不超过黏结强度，基体就会出现更多的裂缝。这种裂缝增多的过程将继续下去，直至或是纤维断掉或是黏结强度失效而导致纤维被拔出。

（1）纤维间距理论

美国的 Romualdi 和 Mandel 提出，根据线弹性断裂力学来说明纤维对混凝土裂缝发生和发展的约束作用。纤维间距理论认为混凝土内部存在固有缺陷，如要提高强度，必须尽可能减小缺陷程度，提高韧性，降低混凝土体内裂缝端部的应力集中系数。纤维阻裂理论首先假设纤维混凝土块体当中有许多细钢丝沿着拉应力作用方向按棋盘状均匀分布，细钢丝的平均中心间距为某一定值 S。由于拉应力作用，水泥基体中凸透镜形状的裂缝端部产生应力集中系数 K_0，当裂缝扩展到基体界面时，在界面上会产生对裂缝起约束作用的剪应力并使裂缝趋于闭合。此时在裂缝顶端即会有与 K_0 相反的另一应力集中系数 K_F。关于纤维间距理论或者纤维阻裂理论的通俗解说，是当纤维均匀分布在混凝土块之中时可以起到阻挡块体中微裂缝发展的作用。假定混凝土块体内部存在发生微裂缝的倾向，当任何一条微裂缝发生，并且可能向任何方向发展时，这条裂缝在最远不超过纤维混凝土块体内纤维平均中心距离 S 的路程之内就会遇到横亘在它前面的一条纤维。于是总的应力集中系数就下降为 $K_0 - K_F$。这些纤维的存在，使微裂缝发展受阻，只能在混凝土块体内部形成类似于无害孔洞的封闭的空腔或者非常细小的孔。

这就从理论上说明了纤维增强混凝土的机理。就纤维增强混凝土而言，纤维平均间距始终是对线性材料性能起决定作用的一个极为重要的因素。纤维平均间距决定着混凝土在搅拌时的流变性，而且在某种程度上也影响着成型后混凝土的各种性能。

纤维平均间距是一个纯粹的几何概念，因而只需考虑任意截面上纤维通过的数量，即可按照数理统计的方法来确定纤维的平均间距。对三维乱向圆柱形纤维增强材料，Romualdi 推导出的纤维平均间距公式为：

$$S = 13.8 d_f / \left(V_f\right)^{1/2} \tag{2.13}$$

式中：S——某一截面的平均间距，m；

      d_f——纤维直径，mm；

      V_f——单位体积内的纤维体积，m³。

纤维增强混凝土的抗拉强度为：

$$\sigma_{ct} = \sigma_{mt} + K / (S - 1)^{1/2} \tag{2.14}$$

式中：σ_{ct}——纤维增强混凝土的抗拉强度，MPa；

      σ_{mt}——基体混凝土的抗拉强度，MPa；

      K——试验常数。

（2）合成间距理论

将纤维增强混凝土看作纤维增强的复合材料，假定混凝土基体和纤维处于完全黏结的条件下，并且在混凝土基体和纤维连续构成的复合体上，柱状纤维是一维单向配制于基体中的。该复合体的强度是由纤维与基体的体积比和应力所共同决定的，复合材料抗拉强度公式：

$$\sigma_{ct} = \sigma_f V_f + \sigma_{mt} V_m \tag{2.15}$$

式中：V_f——纤维体积，m³；

      V_m——基体体积，m³。

    由于

$$V_f + V_m = V_c = 1 \tag{2.16}$$

因此

$$\sigma_{ct} = \sigma_f V_f + \sigma_{mt}(1 - V_f) \tag{2.17}$$

由混凝土基体与纤维充分黏结条件：

$$\varepsilon_c = \varepsilon_f = \varepsilon_m \tag{2.18}$$

或

$$\sigma_{ct}/E_c = \sigma_f/E_f \tag{2.19}$$

设

$$\sigma_f/\sigma_{mt} = E_f/E_m = m \tag{2.20}$$

则有：

$$\sigma_{ct} = \sigma_{mt}\left[1 + V_f(m - 1)\right] \tag{2.21}$$

（3）三维乱向短纤维增强机理

以上两种传统的纤维增强机理的力学模型均是单向连续纤维模型，属于理想化情况。实际上，短切乱向纤维在基体中是三维分布的，由于纤维的"短切"和乱向关系，就不如单向连续纤维那样能充分发挥增强作用。在用三维乱向短纤维的增强机理分析时，考虑了纤维与混凝土二者相互作用的复杂情况，采用几个相关系数（方向有效因子、界面黏结因子、长度有效因子）使结论更符合实际情况。

实践证明，纤维间距理论与合成间距理论对合成纤维混凝土的塑性阻裂机理的解释比较适用。在混凝土未硬化前，纤维起到了微裂的效应。混凝土硬化后，单位体积混凝土中纤维与混凝土边界相互作用以及纤维尺寸、纤维分散性、纤维分布方向等因素，均与纤维增强混凝土的微观结构有关。

⬌ 2.5 钢筋混凝土断裂阻裂与加固措施

2.5.1 钢筋混凝土材料断裂阻裂特性

① 提高混凝土极限拉伸及抗拉强度。混凝土属于脆性材料，工程中主要

利用其抗压性能好的优势，尽量回避其抗拉能力差的弱点。但实际工程中，在各种荷载组合作用下，混凝土结构大部分承担压应力，小部分要承担一定的拉应力作用。为使混凝土结构不开裂或开裂程度尽量小，就要设法提高混凝土的极限拉伸及抗拉强度。让混凝土实际承担的拉应力在其极限拉伸及抗拉强度能力之内，这样混凝土结构在设计工况下不开裂。

② 在有关规范中已经规定了混凝土抗裂性设计指标，其中有混凝土极限拉伸要求，有的还有混凝土抗拉强度要求。例如，某大型水利枢纽工程混凝土抗裂性指标为28d极限拉伸值不小于$0.85×10^{-4}$，28d抗拉强度不小于1.45MPa等。提高混凝土极限拉伸及抗拉强度，总体上有两种方法。第一种方法，因为混凝土抗拉强度与混凝土抗压强度有一定的关联性，一般抗压强度越高，抗拉强度也对应越高。因此，在一定范围内，可以通过提高混凝土抗压强度等级的方法来提高混凝土抗拉强度，增强混凝土抗裂能力。但这种方法因为混凝土抗压强度等级提高了，将使混凝土抗压强度得不到充分发挥和有效利用，并且工程造价也增加，带来投资加大的压力。第二种方法，在混凝土原材料中增加能够提高混凝土抗拉强度的一些材料，如纤维类材料，常用的有钢纤维材料。本书将详细阐述钢纤维混凝土抗裂性能系列试验及其分析。

③ 降低混凝土热强比。混凝土热强比是指某一龄期每立方米混凝土的水化热发热量与混凝土抗拉强度之比，该比值越小混凝土抗裂性越高。工程实践经验及试验结果表明，在保证混凝土设计性能指标的基础上，采用低热品种的水泥，可以降低混凝土水化热；结合混凝土工程施工工艺，在混凝土配合比设计中掺入适量的粉煤灰等掺合料，也可以有效降低混凝土的水化热。从而达到降低混凝土热强比，提高混凝土抗裂性能的效果。

2.5.2　钢筋混凝土断裂阻裂加固措施

材料措施主要针对新建工程而言。那么，对于完建工程，经历多年运行和各种工况、条件的考验，混凝土结构发生了一些开裂，影响到工程运行安全，但未能达到严重危及安全的程度时，还想保留部分或全部工程继续运行，发挥效益。这时，可以采取一些阻裂与加固方法，重新恢复工程的主要功能，达到安全性的要求。

（1）钢筋混凝土闸墩开裂程度较轻的情况

对于钢筋混凝土泄洪闸墩发生了一些开裂，但还有继续利用并发挥效益的价值的情况，可以采取闸墩体外粘贴碳纤维布的阻裂与加固方法，即在裂缝表面封闭、内部灌浆、闸墩体外粘贴碳纤维布。加固后闸墩应力重新分布，闸墩抗裂特性得到改进，裂缝不再继续扩展，可以继续安全运行。

（2）钢筋混凝土闸墩开裂程度较重的情况

对于钢筋混凝土泄洪闸墩发生了较多开裂，混凝土不具备继续利用并发挥效益的价值的情况，可以采取钢纤维混凝土置换的阻裂与加固方法，即将钢筋混凝土闸墩开裂较多的一定范围凿除，在保留混凝土的接合面设锚杆并涂刷界面剂，然后按原闸墩尺寸在凿除范围浇筑钢纤维混凝土。钢纤维混凝土配合比需经试验室试验优选确定。加固后闸墩在设计工况下，所承受的拉应力在钢纤维混凝土抗拉强度能力之内，不再发生裂缝，并且可以继续安全运行。

⇨ 2.6 研究结论

本章围绕钢筋混凝土闸墩断裂特性分析方法，阐述了混凝土断裂力学的发展、理论基础、纤维阻裂理论，对比分析了混凝土断裂特性模型。在基于混凝土断裂特性研究、混凝土断裂力学的理论基础深入分析的基础上，建立钢筋混凝土闸墩断裂特性分析方法。主要研究结果如下：

① 合理选择和修正混凝土结构断裂特性的模型，推荐应用模型：丁宝瑛提出的混凝土抗裂安全系数模型，破坏力考虑了温度应力、干缩应力与自生体积变形产生应力，同时考虑了徐变变形引起的应力松弛和结构约束系数，是考虑因素最全面的抗裂安全系数模型。

② 展开纤维阻裂理论——纤维阻裂影响因素、纤维阻裂作用、纤维阻裂机理的研究，通过材料断裂阻裂特性和加固措施的研究，建立改进混凝土的断裂特性方法。裂缝处于临界状态并进入不稳定扩展，即结构发生失稳断裂。其表达如下：当 $K < K_{IC}^Q$ 时，裂缝不起裂；当 $K = K_{IC}^Q$ 时，裂缝开始稳定扩展；当 $K_{IC}^Q < K < K_{IC}^s$ 时，裂缝处于稳定扩展阶段；当 $K = K_{IC}^s$ 时，裂缝开始失稳扩展；当 $K > K_{IC}^s$ 时，裂缝处于失稳扩展阶段。此方法具有比较完备的理论基础，涉及的断裂参数可以利用断裂试验确定。

③ 纤维间距理论与合成间距理论对合成纤维混凝土的塑性阻裂机理的解释比较适用。在混凝土未硬化前，纤维起到了微裂的效应。混凝土硬化后，单位体积混凝土中纤维与混凝土边界相互作用以及纤维尺寸、纤维分散性、纤维

分布方向等因素均与纤维增强混凝土的微观结构有关。

④ 根据混凝土断裂力学理论及纤维阻裂理论，结合闸墩混凝土工程断裂实际问题，提出改进混凝土断裂特性的措施，即材料特性和加固措施，可供指导工程实践与应用。

3 钢筋混凝土闸墩裂缝无损检测诊断

以钢筋混凝土闸墩裂缝无损检测诊断为主题，按照工程要求及相关技术规范，开展以下诊断工作：泄洪闸闸墩混凝土工程裂缝数量；泄洪闸闸墩混凝土工程裂缝分布普查，绘制分布图；泄洪闸闸墩混凝土工程代表性裂缝宽度；泄洪闸闸墩混凝土工程代表性裂缝深度；泄洪闸闸墩混凝土工程代表性裂缝宽度连续监测；泄洪闸闸墩混凝土工程代表性裂缝骑缝钻芯，探测裂缝内部宽度、深度及走向；泄洪闸闸墩混凝土工程代表性部位内部裂缝等缺陷探地雷达法探测，混凝土密度、抗压强度、弹性模量、泊松比性能指标检测；泄洪闸闸墩混凝土工程代表性裂缝并跨越钢筋处钻芯，探测钢筋锈蚀情况并取样进行力学性能检测。

➡ 3.1 检测诊断工程背景

辽宁省某水库坝址位于辽宁省中部地区，控制面积6175km²，以防洪、灌溉为主，并改善下游农田排涝条件、供给工业用水、结合灌溉与工业用水发电。大坝采用Ⅱ级工程标准，原始设计洪水标准为百年一遇；校核洪水标准为千年一遇。最高库水位102m，最大库容7.91×10⁸m³。水库设计死水位70.0m，防洪限制水位77.8m，正常高水位96.6m。水库建成后，在防洪方面：可使某水库二十年一遇洪峰流量由9050m³/s削减为3720m³/s；百年一遇洪峰流量由15300m³/s削减为9820m³/s。可使控制流域农田防洪由现状五年一遇提高到二十年一遇标准，保护农田164万亩；所在城市防洪可由现状二十年一遇提高到百年一遇标准。可灌溉水田70万亩，每年供给工业用水1.12×10⁸m³。年平均发电量8×10⁷kW·h。辽宁省中部地区各水库位置示意图见图3.1，某水库枢纽平面布置图见图3.2。水库大坝为混凝土重力坝，坝顶高程103.5m，最大坝高

图3.1 辽宁省中部地区各水库位置示意图

图3.2 某水库枢纽平面布置图

50.3m，坝顶总长532m，包括31个坝段。右岸3个挡水坝段（1～3号坝段），桩号为0+063～0+110，总长为47m；河床溢流坝段（4～18号坝段），桩号为0+110～0+384.2，长274.2m；电站坝段（19～21号坝段），桩号0+384.2～0+424.7，长40.5m；左岸挡水坝段（22～31号坝段），桩号为0+424.7～0+595，长170.3m。两岸挡水坝段坝顶高程103.5m，顶宽6m，坝顶总长217.3m。左岸挡水坝上游面67m高程以下有1：0.1折坡，下游面坡度为1：0.7；右岸挡水坝段上游面垂直，下游面坡度为1：0.7。上游面及下游面混凝土设计强度为$R_{28}200F100W8$，基础混凝土设计为$R_{90}200F25W6$。

电站坝段，坝顶高程103.5m，顶宽17m，坝顶总长40.5m。上游面67m高程以上垂直，以下为1：0.1折坡。下游面19～20号两坝段坡度为1：0.8；21

号坝段坡度为 1：0.7。上游面及下游面混凝土设计强度为 $R_{28}200F100W8$。电站厂房设在电站坝段下游（坝后式电站）。主厂房水上部分宽 22.45m，水下部分宽 16.12m，长 45.5m。主厂房分 4 层，即发电机层、水轮机层、蜗壳层和水泵室（集水井）。发电机层地面高程为 66.65m，布置有 2 台 17000kW（1，2号机组）和 1 台 3200kW（3 号机组）的立式水轮发电机组。与 1，2，3 号机组相对应，埋设 3 条引水管道。进水口中心高程分别为 70.685，74.415m（前者数字为 1，2 号机组的，后者数字为 3 号机组的，以下同）。出口中心高程为 58.26，58.85m。直径为 4.6，2m，进水口前设有平板式拦污栅，垂直置于立柱和边墙上。引水管道设检修门槽和工作门槽各 1 道。1，2 号机组各设 4m×4.63m 事故工作闸门 1 扇，3 号机进口设 1.65m×2.14m（宽×高）检修闸门及 1.65m×2.14m 事故工作闸门各 1 扇。为避免因工作闸门下落时，管道形成真空，在闸门后分别设有直径 1.35，0.8m 的通气孔，自坝顶直通管道。

溢流坝段布置在河床中间，采用实用堰，坝顶高程 84.8m，堰顶设置 14 孔弧形闸门，闸门尺寸为 12m×12m。为控制下泄洪水单宽流量，在闸门上部 96.8~102.5m 高程上设高为 5.7m 胸墙。在堰顶设 15 个闸墩，其中 6 个宽墩，7 个窄墩，2 个边墩。6 个底孔设在宽墩内，底高程 60m，孔口尺寸为 3.5m×8.0m。坝顶交通桥与工作桥架设在闸墩上，顶宽 23m。坝段伸缩缝设于闸孔中，距窄墩 7m、宽墩 5m 处。

坝体内部为进行基础灌浆、排水与坝体观测，设置三条廊道：于 3~25 号坝段 54.7~71.0m 高程上，廊道中心距坝轴线 5.1m 处，设置 1 条纵向灌浆廊道；4~25 号坝段 55.5~69.0m 高程上，廊道中心距坝轴线 16.95~24.85m 处设置 1 条纵向排水廊道；2~27 号坝段 76~86m 高程上，廊道中心距坝轴线 4.6~11.1m 处设置 1 条纵向观测廊道；3，5，17，23，25 号坝段 54.7~58.85m 高程上，设置 5 条横向观测廊道。溢流坝段设 14 台固定式启闭机用于弧形门启闭，6 个底孔工作门中的 4 个及 1 个底孔检修门采用 250t 移动式门式启闭机，2 个底孔工作门用 2 台固定式启闭机。电站坝段设 3 台固定式启闭机。启闭机均有房屋。坝顶上下游边缘均设混凝土挡杆与灯柱。水库消能型式采用高低坎挑流消能。堰面水流基本经高坎下泄，底孔水流基本经低坎下泄。挑坎长度 16.5m，与滚水坝间设永久伸缩缝。高坎坎顶高程 66.0m，最低点高程 61.77m，挑射角 40°，以半径为 18.1m 反弧与滚水坝曲线相交。低坎坎顶高程 64.5m，呈扩散形式，即由底孔出口宽 4m 开始扩散到鼻坎顶部宽 15m，挑射角 38°，反弧半径为 21.1m，最低点高程 60.0m，与底孔平段相交。上坝公路设在坝的左岸，与 29，

30号坝段相接，公路纵坡平均为1/12。为闸门防冰，采用空压机吹风破冰措施，在大坝右端1号坝段顶部设空压机室，室内设3台6m³空压机，建筑面积73m²。某水库迎水面外观及坝段分布见图3.3。

图3.3 水库迎水面外观及坝段分布

泄洪闸共14孔，闸墩15个，分别为4~18号闸墩，其中2个边墩，即4号和18号闸墩；13个中墩，即5~17号闸墩。中墩又分宽墩和窄墩，其中宽墩6个，设在6，8，10，12，14，16号闸墩上；窄墩7个，设在5，7，9，11，13，15，17号闸墩上。泄洪闸闸墩迎水面外观见图3.4。

图3.4 闸墩迎水面外观

主要对溢流坝段（4~18号坝段，桩号为0+110~0+384.2，长274.2m）闸墩进行无损检测与结果分析。

3.2 闸墩外观缺陷及裂缝普查

迎水面闸墩及工作桥为钢筋混凝土结构，表层混凝土蜂窝、麻面，局部脱落。闸墩上部2m范围内多条裂缝有流白现象，闸墩水位变化区范围内剥蚀深度10~50mm，达到B类冻融剥蚀程度。个别闸墩（如左2墩）粗骨料外露，局部钢筋外露锈蚀，达到C类冻融剥蚀程度。胸墙表层砂浆有锈迹，局部脱落。迎水面外观左2闸墩露筋处外观见图3.5。

钢筋外露

图3.5　溢流坝段迎水面左2闸墩露筋处外观

背水面4号坝段距右边墩4.4～7.4m范围内为吊装子留孔回填区，斜面段混凝土疏松，有60%的面积剥蚀深度大于50mm，达到C类冻融剥蚀程度，而其从混凝土中钻取的芯样发现，由表及里220mm范围内混凝土完整，220mm深度以下混凝土严重疏松。距右边墩4.4m范围内，高程83m水平施工缝集中渗漏，达到B类渗漏。渗漏位置见图3.6。4号坝段外观见图3.7。

▽ 93.29

▽ 85.00

▽ 80.00

地面

边墩

吊装子留孔

▨ 渗水痕迹

图3.6　4号坝段背水面渗漏位置示意图（高程单位：m）

图3.7 溢流坝段4号坝段背水面外观

剥蚀及渗漏处外观见图3.8。右边墙左侧混凝土多处流白，靠近挑流鼻坎结构缝处，有1.2m×1.5m范围的表层混凝土脱落，冻融损伤深度156～171mm，钢筋网外露、锈蚀，达到C类冻融剥蚀。边墩外观见图3.9，右边墙钢筋网外露处外观见图3.10。

图3.8 4号坝段混凝土剥蚀及渗漏处外观

图 3.9　右边墩外观

图 3.10　右边墙钢筋网外露处外观

　　溢流坝段共 13 个闸墩，分别为 5～17 号闸墩。其中宽墩 6 个，设在 6，8，10，12，14，16 号坝段上；窄墩 7 个，设在 5，7，9，11，13，15，17 号坝段。闸墩的主要缺陷为裂缝与渗水，局部蜂窝，墩底部混凝土发生冲蚀。裂缝统计见表 3.1。宽墩：现场检查发现 6 个宽墩左、右两侧在桩号 0+012.0～0+013.6 处均有自上而下延伸到堰面的裂缝，裂缝的位置大多分布在牛腿与面板之间，裂缝穿透墩顶与工作门检修室侧壁向下延伸，墩外侧裂缝渗水严重，可以判定宽墩此类裂缝已贯穿闸墩至堰面。

表 3.1 裂缝统计结果

序号	编号	起点		终点		裂缝代表性宽度/mm	裂缝代表性深度/cm
		桩号	高程/m	桩号	高程/m		
1	5-1	0+012.0	99.5	0+012.0	84.2	1.5	贯穿
2	5-2	0+009.4	93.0	0+009.8	91.0		
3	5-3	0+012.5	84.0	0+012.6	100.0	1.6	贯穿
4	6-1	0+013.5	102.5	0+011.5	83.9	1.4	贯穿
5	6-2	0+006.8	88.5	0+006.8	84.2	1.5	贯穿
6	6-3	0+006.8	88.9	0+006.8	84.5	1.4	贯穿
7	6-4	0+007.2	92.8	0+008.7	93.1	1.5	贯穿
8	6-5	0+013.0	102.5	0+012.6	82.8		
9	7-1	0+006.8	89.0	0+007.4	100.2	1.1	21
10	7-2	0+009.8	90.4	0+009.6	94.6		
11	7-3	0+009.8	83.9	0+009.2	88.0		
12	7-4	0+012.4	82.8	0+012.5	86.0		
13	7-5	0+008.0	89.5	0+007.6	100.0	1.2	19
14	7-6	0+011.3	83.4	0+007.8	93.1		
15	7-7	0+012.7	90.2	0+012.7	96.1		
16	7-8	0+014.4	82.8	0+014.4	89.4		
17	7-9	0+016.8	84.6	0+016.6	90.6		
18	8-1	0+015.7	102.5	0+014.4	83.4	1.4	贯穿
19	8-2	0+006.3	84.9	0+007.0	101.5	1.5	贯穿
20	8-3	0+006.5	84.7	0+006.5	98.9	1.7	贯穿
21	8-4	0+011.0	90.0	0+011.4	95.6	1.5	贯穿
22	8-5	0+013.0	82.6	0+012.9	86.8		
23	8-6	0+015.0	82.4	0+015.2	85.5		
24	8-7	0+014.8	90.3	0+014.0	96.3		
25	8-8	0+022.5	76.4	0+023.0	83.0		

表3.1（续）

序号	编号	起点		终点		裂缝代表性宽度/mm	裂缝代表性深度/cm
		桩号	高程/m	桩号	高程/m		
26	9-1	0+012.6	92.4	0+012.0	95.2		
27	9-2	0+009.5	84.0	0+009.8	87.4		
28	9-3	0+012.1	83.0	0+012.0	85.6		
29	9-4	0+013.0	83.6	0+013.0	86.5		
30	9-5	0+014.5	82.9	0+014.5	85.6		
31	9-6	0+017.2	81.2	0+017.5	85.6		
32	9-7	0+017.0	80.4	0+023.0	80.4		
33	9-8	0+023.0	80.4	0+023.7	75.2		
34	9-9	0+020.0	78.4	0+025.0	78.4	1.6	贯穿
35	9-10	0+006.8	84.6	0+007.0	101.5	1.5	贯穿
36	9-11	0+006.5	84.6	0+006.9	101.5		
37	10-1	0+006.4	84.8	0+006.4	91.2		
38	10-2	0+008	88.0	0+008.6	95.8		
39	10-3	0+013.0	82.6	0+011.4	102.5	1.4	17
40	10-4	0+010.8	84.0	0+010.3	86.2		
41	10-5	0+019.6	79.4	0+019	84.0		
42	10-6	0+022.1	76.5	0+022.4	81.0		
43	10-7	0+004	90.6	0+008.4	90.5		
44	10-8	0+022	84.0	0+010	84.0		
45	10-9	0+007	84.7	0+007	90.6		
46	10-10	0+008.6	88.8	0+008.6	94.5		
47	10-11	0+014	87.7	0+012	101.5	1.6	23
48	10-12	0+014	82.2	0+014	90.0		
49	10-13	0+018	79.8	0+019.6	86.0		
50	10-14	0+023	76.0	0+023	84.0		

表3.1（续）

序号	编号	起点		终点		裂缝代表性宽度/mm	裂缝代表性深度/cm
		桩号	高程/m	桩号	高程/m		
51	11-1	0+009.5	84.0	0+009.4	99.8	1.5	22
52	11-2	0+12.7	82.6	0+012.2	84.4		
53	11-3	0+014.8	81.6	0+014.0	88.8		
54	11-4	0+019.6	85.2	0+019.4	91.0		
55	11-5	0+028.0	81.2	0+014.0	81.0		
56	11-6	0+020.5	81.2	0+019.6	78.8		
57	11-7	0+021.5	79.6	0+020.0	78.4		
58	11-8	0+010.0	83.8	0+010.0	99.5	1.6	24
59	11-9	0+013.8	90.5	0+013.8	94.5		
60	11-10	0+014.6	81.8	0+014.6	88.5		
61	11-11	0+015.8	90.5	0+015.8	95.6		
62	11-12	0+019.5	87.0	0+019.5	89.5		
63	11-13	0+019.6	88.0	0+020.0	81.2		
64	11-14	0+015.0	81.6	0+023.0	81.2		
65	12-1	0+006.6	84.7	0+006.6	90.0		
66	12-2	0+008.8	89.0	0+007.8	96.4		
67	12-3	0+011.4	84.0	0+012.6	102.5	1.2	17
68	12-4	0+013.4	84.2	0+013.4	94.4		
69	12-5	0+014.0	83.3	0+017.2	83.6		
70	12-6	0+023.2	77.8	0+022.0	84.0		
71	12-7	0+007.5	84.5	0+006.4	96.4		
72	12-8	0+011.4	88.6	0+013.4	102.5	1.3	18
73	12-9	0+013.5	82.2	0+013.0	90.5		
74	12-10	0+014.2	82.0	0+014.0	94.0		
75	12-11	0+021.0	77.6	0+021.7	84.7		

表3.1（续）

序号	编号	起点		终点		裂缝代表性宽度/mm	裂缝代表性深度/cm
		桩号	高程/m	桩号	高程/m		
76	12-12	0+023.5	75.6	0+021.8	81.4		
77	13-1	0+006.2	84.8	0+006.8	101.5	1.4	19
78	13-2	0+008.6	90.5	0+008.6	93.4		
79	13-3	0+010.0	87.6	0+012.0	99.4	1.1	15
80	13-4	0+014.0	83.0	0+013.0	88.0		
81	13-5	0+011.4	87.7	0+014.6	88.0		
82	13-6	0+013.3	85.0	0+019.8	85.0		
83	13-7	0+006.8	84.7	0+006.4	98.9		
84	13-8	0+009.5	84.0	0+009.5	93.5	1.5	19
85	13-9	0+012.0	83.0	0+012.0	102.5		
86	13-10	0+012.6	84.0	0+017.6	82.4	1.2	16
87	14-1	0+012.8	82.3	0+013.7	102.5	1.3	15
88	14-2	0+022.5	76.8	0+022.4	81.0		
89	14-3	0+011.0	83.6	0+014.4	83.6		
90	14-4	0+024.0	81.0	0+019.4	81.0		
91	14-5	0+006.5	84.7	0+006.4	97.0		
92	14-6	0+012.8	82.7	0+013.8	103.5	1.3	14
93	14-7	0+015.0	83.0	0+019.3	83.0		
94	14-8	0+022.7	79.7	0+25.5	79.8		
95	15-1	0+008.0	91.0	0+008.2	96.0	0.8	12
96	15-2	0+013.2	99.2	0+013.5	102.1		
97	15-3	0+010.2	83.7	0+10.0	86.0		
98	15-4	0+014.2	82.0	0+014.2	83.9		
99	15-5	0+018.8	79.2	0+019.6	82.0		
100	15-6	0+011.6	83.2	0+024.0	83.2		

表3.1（续）

序号	编号	起点		终点		裂缝代表性宽度/mm	裂缝代表性深度/cm
		桩号	高程/m	桩号	高程/m		
101	15-7	0+008.2	91.0	0+008.8	96.0	0.5	9
102	16-1	0+008.8	102.5	0+008.6	84.2	0.9	11
103	16-2	0+011.8	102.5	0+010.8	83.6	1.2	14
104	16-3	0+021.2	102.5	0+021.8	96.4		
105	16-4	0+006.4	96.6	0+006.4	84.2	1.0	11
106	16-5	0+013.7	102.5	0+011.4	83.6	1.1	12
107	16-6	0+004.0	90.8	0+013.2	90.8		
108	17-1	0+007.5	84.2	0+007.5	87.5		
109	17-2	0+009.7	86.5	0+009.8	101.8	1.2	15
110	17-3	0+014.0	103.5	0+013.4	100.2		
111	17-4	0+018.2	80.1	0+017.8	85.2		
112	17-5	0+019.6	78.6	0+019.6	83.7		
113	17-6	0+026.5	73.2	0+026.2	78.4		
114	17-7	0+020.0	78.4	0+023.0	83.5		
115	18-1	0+011.0	89.0	0+011.0	83.6	0.5	9
116	18-2	0+016.0	85.2	0+016.2	81.1		
117	18-3	0+006.2	85.2	0+021.0	85.2		
118	18-4	0+012.5	84.0	0+012.6	100.0	1.2	

由表3.1中数据可知：裂缝主要集中于牛腿上游，闸门面板下游，且距离牛腿较近，裂缝在闸墩立面自下而上延伸，在闸墩两侧立面上几乎对称出现。各闸墩（除4，17和18号闸墩）均有由墩顶延伸至溢流面的连贯性裂缝1~2条。选择代表性闸墩裂缝，安装智能裂缝测宽仪监测系统，进行裂缝宽度定点实时连续监测，得到裂缝宽度系列数据（见表3.2）。由表3.2中数据可知：代表性监测点裂缝的宽度随时间不断变化，裂缝宽度最小值为0.65mm，最大值为2.26mm，裂缝宽度变幅范围为0.29~0.63mm。因此，闸墩裂缝属于变化幅度较小的活动裂缝。裂缝宽度连续监测数据用以分析判断裂缝类型及其发展趋

势，为选择加固技术及施工工艺提供基础。裂缝分布示意图见图3.11~图3.14。

表3.2　闸墩裂缝宽度定点实时连续监测结果（7号窄墩，8号宽墩）　单位：mm

日期	7-5右侧面		7-1左侧面		8-3右侧面		8-2左侧面	
	绝对值	相对值	绝对值	相对值	绝对值	相对值	绝对值	相对值
2015.11.7	1.90	0	2.00	0	0.80	0	0.80	0
2015.11.16	2.05	0.15	2.15	0.15	0.97	0.17	0.94	0.14
2015.12.17	2.14	0.24	2.21	0.21	0.99	0.19	1.00	0.20
2016.1.15	2.13	0.23	2.26	0.26	0.98	0.18	1.13	0.33
2016.2.15	2.18	0.28	2.24	0.24	1.03	0.23	1.15	0.35
2016.3.17	1.87	-0.03	1.95	-0.05	0.77	-0.03	0.78	-0.02
2016.4.14	1.70	-0.20	1.82	-0.18	0.91	0.11	0.79	-0.01
2016.5.15	1.55	-0.35	1.73	-0.27	0.79	-0.01	0.68	-0.12
2016.6.15	1.69	-0.21	1.85	-0.15	0.82	0.02	0.72	-0.08
2016.7.16	1.59	-0.31	1.83	-0.17	0.82	0.02	0.72	-0.08
2016.8.14	1.57	-0.33	1.81	-0.19	0.76	-0.04	0.68	-0.12
2016.9.15	1.63	-0.27	1.83	-0.17	0.74	-0.06	0.71	-0.09
2016.10.17	1.70	-0.2	1.95	-0.05	0.79	-0.01	0.71	-0.09
2016.11.13	1.88	-0.02	1.91	-0.09	0.84	0.04	0.86	0.06
2016.12.17	2.14	0.24	2.21	0.21	0.99	0.19	1.00	0.20
2017.1.15	2.13	0.23	2.26	0.26	1.00	0.20	1.15	0.35
2017.2.17	2.15	0.25	2.14	0.14	0.97	0.17	1.14	0.34
2017.3.16	1.96	0.06	2.09	0.09	0.89	0.09	1.03	0.23
2017.4.18	1.96	0.06	2.09	0.09	0.89	0.09	0.81	0.01
2017.5.18	1.62	-0.28	1.85	-0.15	0.83	0.03	0.81	0.01
2017.6.17	1.64	-0.26	1.79	-0.21	0.77	-0.03	0.65	-0.15
2017.7.17	1.58	-0.32	1.82	-0.18	0.78	-0.02	0.74	-0.06
2017.8.17	1.65	-0.25	1.84	-0.16	0.82	0.02	0.68	-0.12

表3.2（续）

日期	7-5右侧面		7-1左侧面		8-3右侧面		8-2左侧面	
	绝对值	相对值	绝对值	相对值	绝对值	相对值	绝对值	相对值
2017.9.16	1.71	−0.19	1.73	−0.27	0.86	0.06	0.74	−0.06
2017.10.15	1.88	−0.02	1.85	−0.15	0.87	0.07	0.86	0.06
2017.11.17	2.05	0.15	2.15	0.15	0.97	0.17	0.94	0.14
2017.12.16	2.14	0.24	2.21	0.21	0.99	0.19	1.00	0.20
2016年均值	1.82		1.95		0.86		0.85	
2017年均值	1.82		1.93		0.86		0.87	
基值	1.90	0	2.00	0	0.80	0	0.80	0
总平均值	1.82		1.95		0.86		0.85	
总变幅	0.63		0.53		0.29		0.50	
最大值	2.18		2.26		1.03		1.15	
最小值	1.55		1.73		0.74		0.65	

注："+"表示裂缝开裂；"−"表示裂缝收缩。

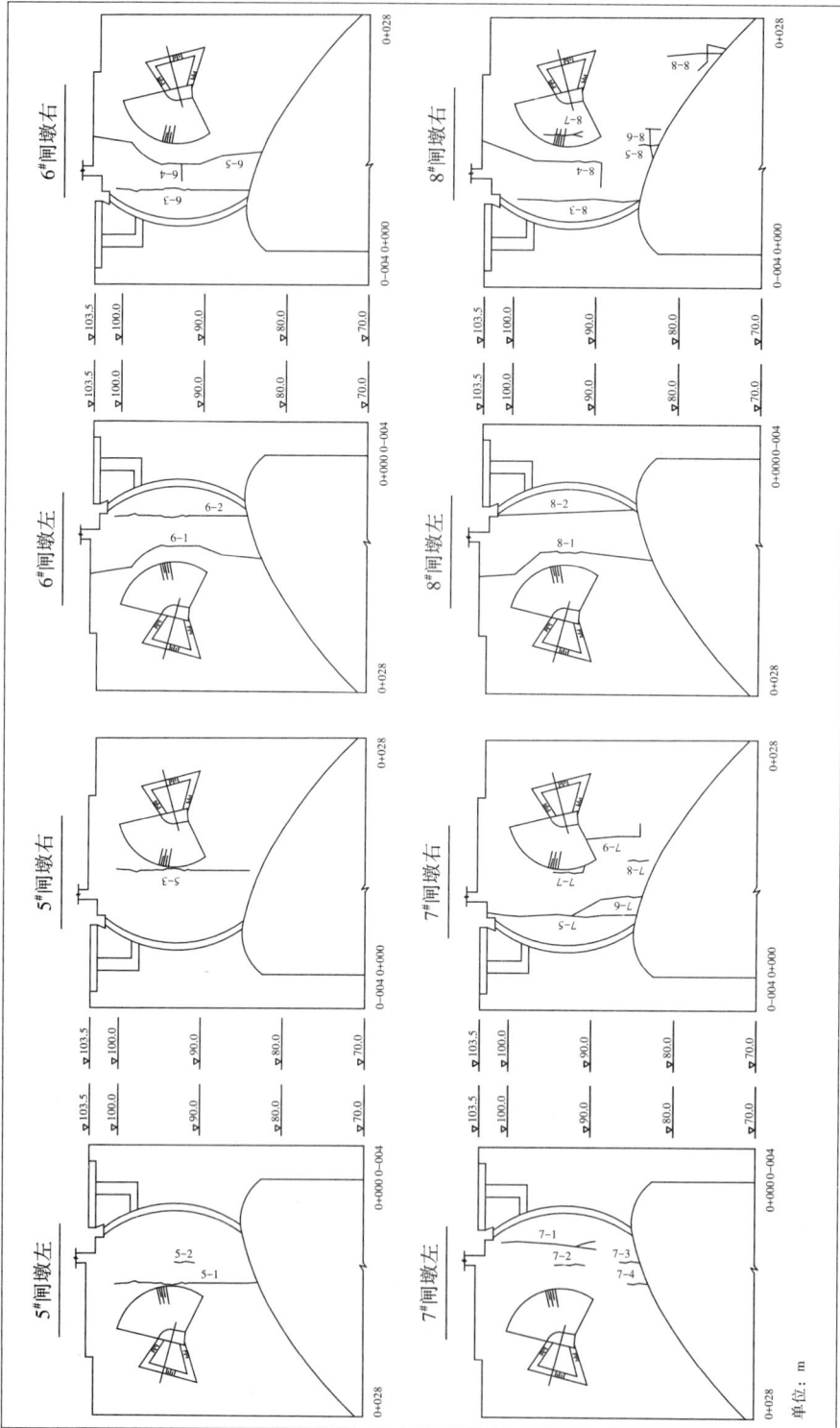

图 3.11 5～8 号闸墩裂缝分布图

单位：m

图3.12　9～12号闸墩裂缝分布图

图 3.13 13～16 号闸墩裂缝分布图

图3.14 17号闸墩和18号边墩裂缝分布图

通过现场抽检发现，宽墩与7号坝段窄墩均有贯穿至溢流面的裂缝。12号闸墩左侧外观见图3.15，闸墩右侧外观见图3.16，闸墩顶部外观见图3.17，工作门检修室内裂缝见图3.18。窄墩：现场选取7号闸墩桩号0+007～0+008处由墩顶延伸到堰面的裂缝，进行压水试验，检测裂缝是否贯通。在闸墩右侧桩号为0+007.5，高程为89.50m附近以60°角与裂缝斜交钻孔，成孔后用5m水头水泵抽水灌红色浆液，灌浆5min后在左侧桩号0+007高程90.00m附近及以下均有红色浆液流出，且裂缝自上而下均有浆液渗流，因此该裂缝贯穿至堰面。试验结果见图3.19和图3.20。

7号闸墩右侧桩号0+007.5和桩号0+008，高程87.00m和87.50m两处分别有1m×0.4m（长×宽）和2m×0.4m范围混凝土振捣不实，粗骨料集中外露，水平施工缝内渗水严重，据此判断该区域混凝土缺陷贯穿整个墙体。7号闸墩外观见图3.21。

图3.15 12号闸墩左侧外观

图3.16 12号闸墩右侧外观

图3.17 12号闸墩顶部外观

图3.18 12号闸墩工作门检修室内裂缝外观

图3.19　7号闸墩左侧外观

图3.20　7号闸墩右侧外观

图3.21　7号闸墩粗骨料集中处外观

3.3　闸墩混凝土抗压强度

选取7，12，14号闸墩，分别在闸墩裂缝区域以外，选取混凝土完好的代表性部位钻取混凝土芯样，制备试验芯样，试验混凝土的容重、抗压强度、抗拉强度、弹性模量及泊松比，分析混凝土力学性能指标，为钢筋混凝土闸墩安全性评价计算分析及结构数值计算提供基础参数。试验芯样结果见图3.22、图3.23与表3.3。

图3.22　右7-1号裂缝处芯样外观

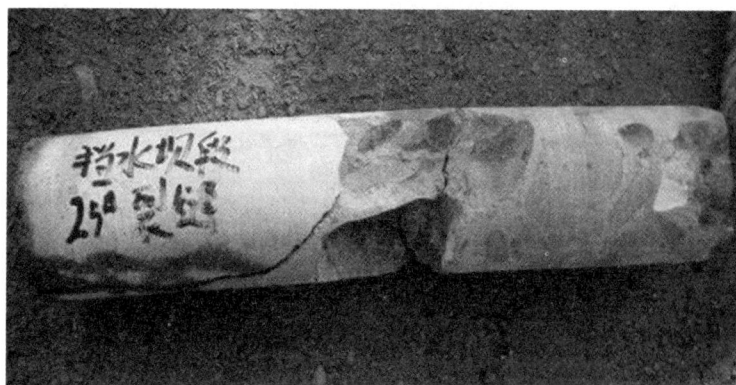

图3.23　右8-1号裂缝处芯样外观

表3.3　混凝土性能试验结果

材料	容重/（kN·m⁻³）	抗压强度/MPa	抗拉强度/MPa	弹性模量/MPa	泊松比
7号闸墩混凝土	25.0	31.4	2.98	2.57×10^{4}	0.22
12号闸墩混凝土	25.0	30.8	2.76	2.63×10^{4}	0.23
14号闸墩混凝土	25.0	32.6	3.12	2.61×10^{4}	0.22
平均值	25.0	31.6	2.95	2.60×10^{4}	0.22

3.4　闸墩混凝土耐久性

（1）混凝土抗渗性

4号坝段背水面非吊装子留孔区及闸墩混凝土设计抗渗等级为W8。结合现场条件，在4号坝段，10，12号闸墩各钻取1组抗渗试件进行室内抗渗试验。所抽检构件内部完好，混凝土达到了设计抗渗等级要求。取芯位置见表3.4。

表3.4　混凝土抗渗芯样钻取位置

部位	桩号	高程/m	芯样外观
4号坝段	0+123.3	71.5	芯样完整，切除表层15mm后，进行试验
10号闸墩左侧	0′+007.5	85.3	芯样完整，切除表层15mm后，进行试验
12号闸墩顶右侧	0′+014.0	102.6	芯样完整，切除表层15mm后，进行试验

（2）混凝土抗冻性

4号坝段背水面及闸墩混凝土设计抗冻等级为F100。结合现场条件，在4号坝段背水面非吊装子留孔区，10，11号闸墩各钻取1组抗冻试件，在12号闸墩钻取2组抗冻试件进行室内抗冻试验，芯样钻取位置见表3.5，检测结果见表3.6。

由表3.6中数据可知：所抽检构件内部完好，混凝土抗冻等级均达到了设计抗冻等级要求。

表3.5　混凝土抗冻芯样钻取位置

坝段	桩号	高程/m	试件编号	芯样外观
4号坝段	0+123.1	71.8	SW-F-5	芯样完整，切除表层15mm后，进行试验
10号闸墩左侧	0+007.3	85.4	SW-F-6	芯样完整，切除表层15mm后，进行试验
11号闸墩右侧	0+007.5	85.6	SW-F-7	芯样完整，切除表层15mm后，进行试验
12号闸墩顶右侧	0+014.0	102.6	SW-F-8	芯样完整，切除表层15mm后，进行试验
12号闸墩顶左侧	0+014.5	102.6	SW-F-9	芯样完整，切除表层15mm后，进行试验

表3.6　混凝土抗冻性检测结果

试件编号	冻融次数	质量损失率/%		相对动弹性模量/%		设计等级
		单值	平均值	单值	平均值	
SW-F-5-1		1.2		65		F100
SW-F-5-2	75	1.2	1.3	68	67	
SW-F-5-3		1.4		69		
SW-F-6-1		0.8		66		
SW-F-6-2	100	1.1	1.0	64	65	
SW-F-6-3		1.1		66		
SW-F-7-1	75	1.0	1.0	69	69	F100
SW-F-7-2		0.9		68		
SW-F-7-3		1.0		69		
SW-F-8-1	75	1.0	1.1	66	64	F100
SW-F-8-2		1.2		60		
SW-F-8-3		1.1		66		
SW-F-9-1	75	1.1	1.2	69	66	
SW-F-9-2		1.1		65		
SW-F-9-3		1.3		65		

（3）混凝土冻融损伤深度

分别在4号坝段背水面吊装子留孔区和12号坝段墩顶钻取1组芯样，其中4号坝段芯样C类冻融剥蚀，在深度220mm以下混凝土破碎，内部混凝土疏松。12号闸墩顶部芯样完整，冻融损伤深度为100mm。

（4）混凝土碳化深度及钢筋保护层厚度

混凝土碳化深度共检测4组，4号坝段背水面抽检1组，6，7，8号闸墩侧面各抽检1组。钢筋保护层厚度检测3组。检测结果表明闸墩混凝土碳化深度小于钢筋保护层厚度。详见表3.7。

表3.7 混凝土碳化深度及钢筋保护层厚度检测结果

部位	碳化深度 L/mm		钢筋保护层厚度 H/mm		$(L_{max}-H_{min})$ /mm	$(L_{ave}-H_{ave})$ /mm
	最大值	平均值	最小值	平均值		
4号坝段背水面	20.0	12.5	—	—	—	—
6号闸墩	15.5	10.5	62	65	−46.5	−54.5
7号闸墩	20.0	11.5	68	72	−48.0	−60.5
8号闸墩	22.5	13.0	67	71	−44.5	−58.0

3.5 闸墩混凝土内部缺陷及钢筋分布

采用探地雷达分别对10号坝段闸墩右侧面、12号坝段闸墩右侧面和16号坝段闸墩右侧面进行检测。检测结果见表3.8。钢筋分布检测结果见表3.9。测线分布：10号坝段闸墩右侧面，方向为竖直向下，测线长度5.4m；12号坝段闸墩右侧面，高程为97.1～102.2m，测线长度5.1m；16号坝段闸墩右侧面，高程为94.8～102.3m，测线长度7.5m。其中12号坝段闸墩右侧面雷达检测信号见图3.24。

表3.8 溢流坝段闸墩混凝土内部探地雷达法检测结果

测线位置及桩号	高程/m	测线长度/m	缺陷里程/m	缺陷定性分析
10号坝段0+012	86.0～91.4	5.4	1.6～4.6	深度0.8～1.9m范围墩体内部含水较高
12号坝段0+011	97.1～102.2	5.1	0～5.1	深度0.5～0.9m范围墩体内部含水较高
16号坝段0+012	94.8～102.3	7.5	5.7～7.5	混凝土局部不密实

表3.9 闸墩钢筋分布检测结果

构件名称	桩号	高程/m	钢筋间距检测值/mm		
			最大值	最小值	平均值
10号坝段	0+012	86.0～91.4	211	179	193
12号坝段	0+011	97.1～102.2	221	198	211
16号坝段	0+012	94.8～102.3	213	188	196

图3.24 12号坝段闸墩右侧探地雷达检测信号图

由表3.8中数据可知：10，12号坝段测线检测位置存在内部含水，16号坝段测线检测位置存在不密实缺陷。

3.6 闸墩混凝土内部钢筋腐蚀

混凝土中钢筋腐蚀检测采用半电池电位法和局部钻芯法。

① 半电池电位法检测部位位于10号坝段闸墩左侧面，闸门下游侧4m范围内，高程为84.5~86.6m，测点间距为300mm×300mm。检测结果见表3.10。

表3.10 闸墩钢筋锈蚀半电池电位法检测结果

构件部位	测点电位值/mV									
	1	2	3	4	5	6	7	8	9	10
10号坝段闸墩左侧面	−89	−65	−115	−69	−51	−45	−87	−34	−79	−68
	−52	−42	−20	−57	−15	−35	−47	−83	−117	−64
	−37	−21	−95	−185	−104	−93	−88	−36	−144	−135

构件部位	测点电位值/mV									
	1	2	3	4	5	6	7	8	9	10
10 号坝段闸墩左侧面	−111	−166	−101	−176	−155	−153	−150	−84	−167	−66
	−147	−136	−145	−151	−207	−185	−173	−164	−205	−184
	−312	−133	−203	−201	−223	−257	−270	−226	−256	−305
	−296	−235	−197	−234	−257	−239	−259	−221	−231	−256
	−450	−303	−238	−263	−288	−331	−294	−283	−262	−253

由表 3.10 中数据可知：半电池电位值正向大于−200mV 测点为 50 点，占总测点数的 62.5%，此区域发生钢筋锈蚀概率小于 10%；半电池电位值在−350～−200mV 测点为 29 点，占总测点数的 36.2%，此区域发生钢筋锈蚀性状不确定；半电池电位值负向大于−350mV 测点为 1 点，占总测点数的 1.3%，此区域发生钢筋锈蚀概率大于 90%。将所有测点电位值按其负向由小到大排序，电位值相同测点可任意排序，并连续编号，根据"DL/T 5150—2001《水工混凝土试验规程》中"公式 6.8.5"计算各测点累计频率，以累计频率（%）为横坐标，半电池电位值（mV）为纵坐标绘制累计频率图，见图 3.25。

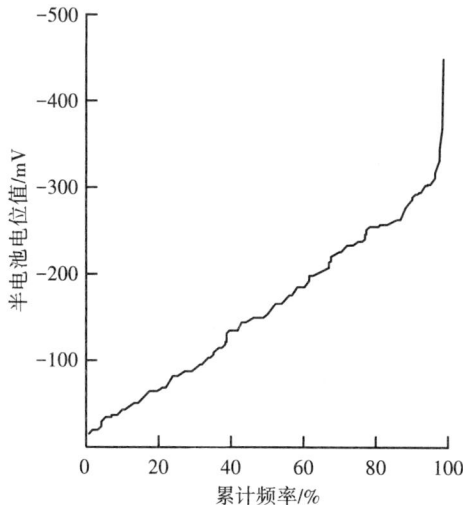

图 3.25 半电池电位累计频率图

② 钻芯法。7 号坝段窄墩和 8 号坝段宽墩上分别找 1 条有裂缝且缝内渗水严重处骑缝钻芯。取芯位置见表 3.11 和图 3.26，钢筋外观见图 3.27。由表 3.11

中数据可知：检测部位2根钢筋均有局部锈蚀，其中7号墩裂缝内部钢筋锈蚀区域长31mm，其有效直径为11.0mm；8号墩裂缝内部钢筋锈蚀区域长34mm，其有效直径为11.4mm。

表3.11　闸墩裂缝处钻芯位置

部位	桩号	高程/m	裂缝宽度/mm	锈蚀长度/mm	有效直径/mm	设计值
7号坝段闸墩右侧	0+009	85.5	2	31	11.0	
8号坝段闸墩左侧	0+006.8	84.9	1	34	11.4	Φ12

图3.26　闸墩裂缝处钻芯位置示意图

（a）7号坝段　　　　　　　　　　　（b）8号坝段

图3.27　典型坝段裂缝处钢筋外观

➡ 3.7 闸墩混凝土内部钢筋力学性能试验

由于 11 号和 12 号闸墩混凝土的老化与渗水现象较严重，因而选择 11 号和 12 号闸墩作为闸墩裂缝区混凝土钢筋抗拉强度与弹性模量性能指标的检测取样对象。对 11 号闸墩（宽墩）和 12 号闸墩（窄墩）分别采取了裂缝区钢筋试样。针对 11 号闸墩（宽墩）裂缝区，分别在两条较大的裂缝 11 号-1 区域、裂缝 11 号-3 区域采取钢筋试样（采样位置距离溢流面约 0.5m），在 11 号-1 裂缝区域采取了横向钢筋、纵向钢筋试样，在裂缝 11 号-3 裂缝区域采取了纵向钢筋试样。针对 12 号闸墩（窄墩）裂缝区，在较大裂缝 12 号-3 区域采取纵向钢筋试样。从现场采样中可见钢筋表面轻微锈蚀现象。

根据《金属材料拉伸试验室温试验方法》（GB/T 228—2010）的规定，采用液压拉伸试验机，进行闸墩裂缝区混凝土钢筋抗拉强度试验。试验过程与现象：① 为了检测钢筋拉伸的应力-应变关系曲线，在试样两侧各贴一个应变片，采用 DH3818 静态数据采集仪采集应变数据，拉力每增加 5kN 采集一次数据。② 稳妥控制试验拉力，对试样缓慢施加轴向拉力，使试样逐渐拉长。③ 在拉伸开始阶段，试样基本为均匀的弹性变形。④ 当拉力达到一定值（钢筋的内应力超过屈服应力）后，试样上的薄弱位置出现颈缩现象，随之迅速发展至被拉断，并发出断裂声。⑤ 在拉伸的前期变形过程中，试样处于弹性变形阶段，可以通过应变片很好地采集应变数据，但是当试样进入塑性变形阶段，应变片均发生数据溢出，无法检测可靠的应变数据，因此根据试验数据仅获得了试样弹性变形阶段的应力-应变关系曲线。钢筋的应力-应变关系曲线见图 3.28，抗拉强度与弹性模量试验结果见表 3.12。

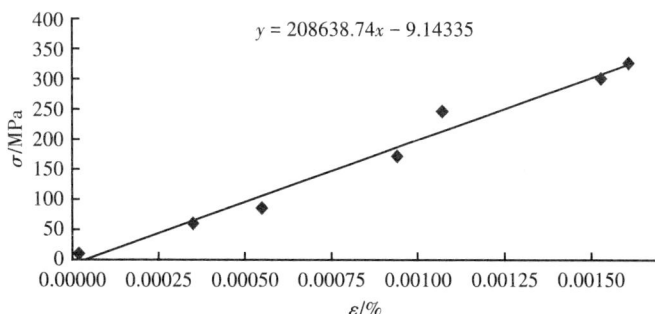

$$y = 208638.74x - 9.14335$$

（a）11 号-1 横筋

（b）11号-1纵筋

（c）11号-3纵筋

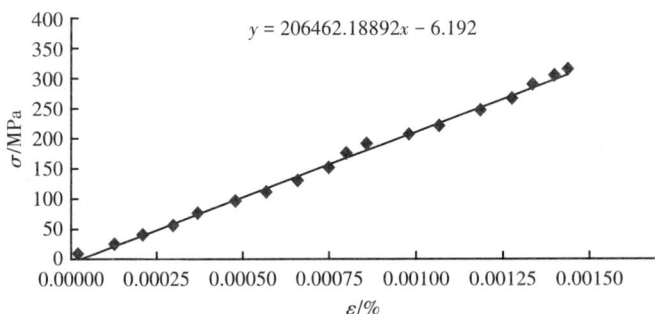

（d）12号-3纵筋

图3.28 钢筋混凝土闸墩裂缝区钢筋应力–应变关系曲线

按照《金属材料拉伸试验室温试验方法》（GB/T 228—2010）等国家标准，系统检测了钢筋抗拉强度、弹性模量等性能指标。通过闸墩裂缝区混凝土钢筋抗拉强度试验，当钢筋应力超过屈服应力后，试样上薄弱位置出现颈缩现象，随之迅速发展至拉断破坏。将试验结果与产品同规格牌号钢筋力学指标对比，力学指标性能明显衰减，衰减幅度达到6%～7%。钢筋性能指标检测结果有利于客观深入认识到闸墩工程的病害现状，为进一步分析闸墩的稳定性、病害机理、工作状态提供可靠的实测依据和计算参数。

表3.12 钢筋混凝土闸墩裂缝区钢筋抗拉强度与弹性模量试验结果

试样编号	钢筋型号	钢筋直径/mm	容重/（kN·m⁻³）	最大拉力/kN	抗拉强度/MPa	弹性模量/MPa	泊松比μ
11号-1横筋	φ12	11.23	78.5	52	422	2.09×10^5	0.26
11号-1纵筋	φ20	18.11	78.5	105	404	2.04×10^5	0.26
11号-3纵筋	φ20	18.4	78.5	113.5	427	2.07×10^5	0.26
12号-3纵筋	φ20	18.49	78.5	125	437	2.07×10^5	0.26
平均值	—	—	78.5	—	423	2.07×10^5	0.26

注：HRB335的φ12，φ20钢筋屈服强度和抗拉强度分别不低于335MPa和455MPa。

🔃 3.8 闸墩混凝土裂缝问题诊断

钢筋混凝土闸墩裂缝问题比较严重。累计探测到闸墩裂缝118条，主要分布在闸墩弧形钢闸门导轨与牛腿受力筋以外即扇形面末端之间，恰为闸墩中间。裂缝在闸墩立面上自下而上延伸，且产状近似直立（裂缝面的倾角接近于90°），在闸墩两侧立面上几乎对称出现。除4，17，18号闸墩外，其他各闸墩均有由闸墩顶开裂至与堰体衔接处的上下贯穿裂缝1~2条，裂缝最大宽度为0.4~2.0mm，所有的裂缝均呈锯齿缝合线状，因此闸墩裂缝的成因主要是闸墩两侧牛腿所受过大的作用力（对闸门的支撑力，也即牛腿上游附近混凝土所受的引张力），属于一种张性裂隙。裂缝均呈锯齿缝合线状而无任何错动迹象，说明这些裂缝的成因并非坝基或闸墩的基础向下游滑移所致。通过裂缝所挂冰瘤情况，判断不少裂缝应穿透坝体而与库水或坝体表面暂时性流水（如降水）连通，致使裂缝中存在水的渗入与渗出，在负温条件下发生结冰及冻胀，因此冬季冰冻作用将加剧裂缝发展。

通过闸墩裂缝表面沉积物或挂石钟，判断混凝土的溶蚀作用也将加剧裂缝的发展。混凝土溶蚀作用与裂缝挂石钟的主要化学机理：浇筑混凝土的水泥在水化过程中产生一种微溶性的氢氧化钙（是混凝土颗粒胶结物与空隙充填物的一部分），但是由于工程运行过程中氢氧化钙将与水、二氧化碳发生化学反应生成可溶性的重碳酸钙，重碳酸钙溶解于混凝土的裂隙水中而随水渗流，渗流到混凝土外面后因温度升高而导致重碳酸钙分解成非溶性的碳酸钙、水、二氧化碳，碳酸钙沉淀于混凝土表面而形成所见的裂缝沉积物或挂石钟现象。闸墩裂缝造成渗流，渗流导致冻胀与溶蚀，冻胀与溶蚀反过来产生新裂缝且加剧裂缝发展，裂缝日益产生与发展又使得闸墩混凝土的强度与牛腿的支撑能力越来越低，过大的牛腿支撑力又导致产生新裂缝且使已有的裂缝进一步扩展。闸墩裂缝将直接破坏闸墩的整体性，从而显著削弱闸墩的抗倾覆与抗滑能力，恶化闸墩和坝体的应力分布；裂缝漏水严重，进一步促进裂缝发展，对闸墩和坝体的整体性与耐久性均有不良影响。裂缝开裂区域的钢筋表面已经发生锈蚀，将削弱钢筋的力学性能和耐久性能以及钢筋与混凝土之间的握裹能力，降低闸墩承载能力。

综上所述，钢筋混凝土闸墩裂缝的发生、发展，将不断削弱闸墩的承载能力，危及工程安全运行。应进行闸墩裂缝全面系统跟踪监测，随时分析评价和判断工程安全性，制定降低工程运行标准实施方案或进行工程加固处理实施方案。

⇨ 3.9　研究结论

本章通过钢筋混凝土闸墩裂缝无损检测诊断可知，钢筋混凝土闸墩裂缝的发生、发展，将不断削弱闸墩的承载能力，危及工程安全运行。结合工程实际问题研究制定的诊断及检测方案技术可行，设备选型科学合理，可供类似工程借鉴，具有实际指导作用。诊断及检测取得的数据为工程安全性评价计算分析、数值计算分析和加固处理提供基础依据。综合以上检测评价，得到主要结果如下：

①闸墩裂缝主要集中于牛腿上游，闸门面板下游，且距离牛腿较近，裂缝在闸墩立面自下而上延伸，在闸墩两侧立面上几乎对称出现。各闸墩（除4，17，18号闸墩）均有由墩顶延伸至溢流面的连贯性裂缝1～2条。

②选择代表性闸墩裂缝，安装智能裂缝测宽仪监测系统，进行裂缝宽度定点实时连续监测。代表性监测点裂缝的宽度随时间不断变化，裂缝宽度最小值为0.65mm，最大值为2.26mm，裂缝宽度变幅范围为0.29～0.63mm。因此，闸墩裂缝属于变化幅度较小的活动裂缝。裂缝宽度连续监测数据用以分析判断裂缝类型及其发展趋势，为选择加固技术及施工工艺提供基础。

③选取7，12，14号闸墩，分别在闸墩裂缝区域以外，选取混凝土完好的

代表性部位钻取混凝土芯样，制备试验芯样，试验混凝土的容重、抗压强度、抗拉强度、弹性模量及泊松比，分析混凝土力学性能指标，为钢筋混凝土闸墩安全性评价计算分析及结构数值计算提供基础参数。闸墩混凝土平均容重为 25.0kN/m³，抗压强度为 31.6MPa，抗拉强度为 2.95MPa，弹性模量为 2.60×10^4MPa，泊松比为 0.22。

④ 选择代表性闸墩即 11 号闸墩（宽墩）和 12 号闸墩（窄墩），分别在代表性裂缝处取裂缝区钢筋试样，进行钢筋物理力学性能指标试验。钢筋试样平均容重为 78.5kN/m³，抗拉强度为 423MPa，弹性模量为 2.07×10^5MPa，泊松比为 0.26。

4 钢筋混凝土闸墩阻裂加固材料性能试验

本章开展闸墩阻裂加固材料性能试验，主要开展钢纤维混凝土抗裂性能试验分析（钢纤维、钢纤维混凝土试验方案、钢纤维混凝土配合比、钢纤维混凝土试验结果分析）和碳纤维布抗裂性能试验分析（碳纤维布及配套黏结材料、碳纤维布试验方案、碳纤维布试验结果分析）。

4.1 钢纤维混凝土抗裂性能试验

早在1910年美国的 H.F.Porter 就发表了有关以钢纤维增强混凝土的研究报告，1911年，美国的 Graham 把钢纤维掺入普通钢筋混凝土中，得到了可以提高混凝土强度和稳定性的结果。英、法、德等国是在20世纪40年代开始进行实用性研究和开发应用，日本在第二次世界大战期间由于军事工程的需要也曾进行过这方面的试验和研究，但均未能达到实用化的程度。直到1963年 J.P. Romualdi 和 G.B.Batson 发表了一系列关于钢纤维约束混凝土裂缝开裂机理的文章，得出钢纤维混凝土开裂强度是由对拉伸应力起有效作用的钢纤维平均间距所决定的结论，才实现了这种新型复合材料进入实用化开发研究阶段。我国在这方面起步较晚，始于20世纪70年代，但近二十年来发展迅速，在钢纤维混凝土的基本性能与增强机理研究方面都取得了重要的进展。在隧洞衬砌和矿山井巷中，采用喷射钢纤维混凝土代替钢筋混凝土衬砌或钢筋网喷射混凝土衬砌，具有截面小、强度高、韧性好、施工简便等优点，是钢纤维混凝土应用广泛的一个工程领域。如南昆铁路西段宜良县境内乐善村二号隧道处使用了钢纤维混凝土，使衬砌厚度由普通混凝土的1200mm减薄至300mm，加上初期支护200mm，钢纤维混凝土衬砌总厚500mm。隧洞开挖量减少21%，衬砌圬工量减少62%，取得了明显的经济效益。

在房屋建筑、预制桩工程、框架节点、屋面防水工程、地下防水工程等领域，钢纤维混凝土也得到了较广泛的应用。如沈阳商业城建筑面积$6.8 \times 10^4 m^2$，占地$100m \times 100m$。地下两层车库，地上六层，局部七层，地上部分总高度35.4m。在该建筑面临主要街道的转角处，地上一、二层抽掉三根柱子，形成上部双向外挑9.9m、托四层建筑的较大悬挑结构。经过多种方案比较，选定墙、梁、柱组合悬挑结构方案。该方案梁截面$500mm \times 1500mm$，墙厚200mm，柱截面$600mm \times 600mm$。对此悬挑结构进一步进行弹性有限元分析，发现应力状态比较复杂，部分区域尤其是悬空柱拉应力很大。由于混凝土配置钢筋有区域性和方向性，所以采取配筋方式抵抗复杂应力并不是最有效的办法，而钢纤维混凝土中的钢纤维乱向分布于混凝土中，是抵御结构构件复杂应力的较理想材料。另外，钢纤维混凝土有良好的抗裂性，可使构件在标准荷载作用下处于弹性受力阶段而不开裂，不出现内力重分布。沈阳商业城的工程实践表明，采用钢纤维混凝土解决大悬挑结构产生的复杂应力问题是成功的，且在使用过程中实测变形满足要求，未出现裂缝。

在公路桥梁工程、公路路面及机场道面工程、铁路工程、内河航道工程、水利水电工程、防爆工程、维修加固工程等众多方面，钢纤维混凝土都已显示出较强的生命力和广阔的发展前景。但同英美和日本相比，我国在钢纤维混凝土的开发和应用方面还有较大差距，需进一步研究，以使钢纤维混凝土的应用得到更快的发展。

4.1.1　钢纤维

（1）几何参数和体积率

表示钢纤维几何参数的有钢纤维长度、直径（或等效直径）及长径比。钢纤维长度指钢纤维两端点的直线距离，用l_f表示，其尺寸可为$15 \sim 60mm$。钢纤维截面的直径或等效直径（当钢纤维为非圆形截面时，其为截面面积相当于圆形截面面积时计算所得到的直径），用d_f表示，通常为$0.3 \sim 1.2mm$。钢纤维的长径比即指钢纤维长度与直径或等效直径之比，即l_f/d_f，通常为$30 \sim 100$。钢纤维体积率是指钢纤维体积所占钢纤维混凝土体积的百分数，用ρ_f表示，它表明钢纤维在钢纤维混凝土拌合料中的掺入量。

（2）基本类型

钢纤维混凝土是一种混凝土阻裂与加固的新型的复合材料，即在水泥基混凝土中掺入乱向均匀分布的钢制短纤维而形成的。钢纤维混凝土具有很好的抗压强度、抗拉强度（或弯拉强度、弯曲韧度比）、抗冲击、抗疲劳、抗冲磨等性能，广泛适用于对抗拉、抗剪、弯拉强度和抗裂、抗冲击、抗疲劳、抗震、抗爆等性能要求较高的工程或其局部部位。钢纤维按照外形、截面形状、生产工艺、母材品质、施工用途等可划分为不同类型。一般浇筑钢纤维混凝土选用由不锈钢钢丝剪切而成的平直形钢纤维。钢纤维按照抗拉强度分3个等级，380级（抗拉强度不小于380MPa，小于600MPa）、600级（抗拉强度不小于600MPa，小于1000MPa）和1000级（抗拉强度不小于1000MPa）。一般380级钢纤维就能满足普通浇筑钢纤维混凝土的要求。一般浇筑钢纤维混凝土的钢纤维的长度或标称长度宜为20～60mm，直径或等效直径宜为0.3～0.9mm，长径比宜为30～80，长度和直径的尺寸偏差不应超过±10%。钢纤维抗拉强度要求每批产品随机抽取10根的抗拉强度平均值不得低于该强度等级纤维的规定值，且最小值不低于规定值的90%。钢纤维应能承受一次弯折90°不断裂。钢纤维表面不得粘有油污或其他妨碍钢纤维与水泥基黏结的有害物质。钢纤维内不得混有妨碍水泥硬化的化学成分。钢纤维内含有的因加工造成的黏结连片、表面严重锈蚀的纤维、铁锈粉等杂质的总量，不得超过钢纤维质量的1%。钢纤维混凝土的钢纤维体积率应根据设计要求确定，且不应小于0.35%。

（3）基本性能

①抗拉强度。钢纤维具有较高的抗拉强度，从而使钢纤维混凝土具有良好的力学性能。一般浇筑钢纤维混凝土主要是因钢纤维被拔出而破坏，并不是因钢纤维被拉断而破坏，因此钢纤维抗拉强度不小于380MPa、小于600MPa即380级钢纤维的抗拉强度一般能满足水利工程实际要求。②黏结强度。用直接拉拔法测定钢纤维与水泥砂浆之间的黏结强度。由于钢纤维混凝土的破坏主要是钢纤维的拔出引起，因此提高钢纤维与混凝土基体界面的黏结强度是重要问题。提高黏结强度除与基体的性能有关外，就钢纤维本身来说，应该从钢纤维表面和形状来改善它与基体的黏结性能。为了提高钢纤维的黏结强度，常采用使钢纤维表面粗糙化，截面呈不规则形，增加与基体的接触面积和摩擦力，将钢纤维表面压痕，或压成波浪形，增加机械黏结力，使钢纤维的两端异形化或大头形等方法，以提高其锚固力和抗拔力。③耐腐蚀性。钢纤维混凝土内部的钢纤维，只要捣固密实，与空气隔绝，一般不发生锈蚀现象。暴露于钢纤维

混凝土表面或在钢纤维混凝土发生裂缝时，跨接在裂缝处的钢纤维，易发生腐蚀现象。所以，在钢纤维混凝土的现场施工中，一定要按照操作规程施工，捣固质量做到均匀密实。

4.1.2 钢纤维混凝土试验方案

（1）主要材料

① 钢纤维。试验所用的钢纤维是由鞍山市昌宏钢纤维有限公司生产的螺纹型钢纤维和超细型钢纤维。其技术指标见表4.1。其照片见图4.1和图4.2。

表4.1 钢纤维技术指标

序号	项目	钢纤维类别	
		螺纹型	超细型
1	等效直径/mm	0.8	0.4
2	长度/mm	32	26
3	长径比	40	60
4	抗拉强度/MPa	≥600	≥600
5	材质	Q235	72A

图4.1 螺纹型钢纤维

② 其他材料。水泥为浑河牌 P.O42.5 和长白山牌 P.O42.5。粉煤灰为抚顺荣信粉煤灰和沈海热电厂 I 级粉煤灰。细骨料为抚顺章京12号料场的天然河砂。粗骨料为抚顺章京12号料场的卵石，二级配（5~10mm，10~20mm）。

施工采用泵送混凝土施工方法，故外加剂试验按照《混凝土泵送剂》（JC 473—2001）进行质量控制。试验用外加剂为河南巩义跨越2000型高效减水剂和上海麦斯特高效减水剂（聚羧酸盐类）。水为试验室自来水。

图4.2 超细型钢纤维

（2）试验组合

① 配合比试验组合，根据试验材料确定配合比试验组合见表4.2。

表4.2 配合比试验组合

序号	水泥	粉煤灰	外加剂	钢纤维
1	浑河 P.O42.5	沈海Ⅰ级灰	上海减水剂	螺纹型
2	浑河 P.O42.5	沈海Ⅰ级灰	上海减水剂	超细型
3	浑河 P.O42.5	沈海Ⅰ级灰	跨越减水剂	螺纹型
4	浑河 P.O42.5	沈海Ⅰ级灰	跨越减水剂	超细型
5	浑河 P.O42.5	抚顺Ⅰ级灰	上海减水剂	螺纹型
6	浑河 P.O42.5	抚顺Ⅰ级灰	上海减水剂	超细型
7	浑河 P.O42.5	抚顺Ⅰ级灰	跨越减水剂	螺纹型
8	浑河 P.O42.5	抚顺Ⅰ级灰	跨越减水剂	超细型
9	长白山 P.O42.5	沈海Ⅰ级灰	上海减水剂	螺纹型
10	长白山 P.O42.5	沈海Ⅰ级灰	上海减水剂	超细型
11	长白山 P.O42.5	沈海Ⅰ级灰	跨越减水剂	螺纹型
12	长白山 P.O42.5	沈海Ⅰ级灰	跨越减水剂	超细型
13	长白山 P.O42.5	抚顺Ⅰ级灰	上海减水剂	螺纹型

表4.2（续）

序号	水泥	粉煤灰	外加剂	钢纤维
14	长白山 P.O42.5	抚顺Ⅰ级灰	上海减水剂	超细型
15	长白山 P.O42.5	抚顺Ⅰ级灰	跨越减水剂	螺纹型
16	长白山 P.O42.5	抚顺Ⅰ级灰	跨越减水剂	超细型

②力学性能及耐久性能试验项目。混凝土力学性能试验主要测定混凝土的抗压强度、劈拉强度、抗折强度、初裂强度、韧度指数、弹性模量、泊松比。混凝土耐久性能试验主要测定混凝土的抗冻性和抗渗性。试验依据为DL/T 5150—2001《水工混凝土试验规程》等。

③不同种类钢纤维及不同钢纤维体积率对混凝土力学性能影响试验组合。为了了解不同钢纤维体积率对钢纤维混凝土力学性能的影响，选取钢纤维体积率分别为0%，0.25%，0.5%，0.75%，1.0%，1.25%，1.5%，1.75%，2.0%，进行混凝土的抗压、抗拉及抗折试验，其中，水泥品种及标号采用浑河牌P.O42.5级或长白山牌P.O42.5级，粉煤灰品种采用沈海Ⅰ级灰或抚顺Ⅰ级灰，外加剂采用上海减水剂或跨越减水剂，钢纤维品种为螺纹型或超细型。具体试验组合见表4.3。

表4.3 不同钢纤维体积率对混凝土性能的影响试验组合

纤维体积率/%	试验项目								
	抗压强度	劈拉强度	抗折强度	初裂强度	韧度指数	弹性模量	泊松比	抗渗性	抗冻性
0	√	√	√	√	√	√	√	√	√
0.25	√	√	√	√	√	√	√	√	√
0.50	√	√	√	√	√	√	√	√	√
0.75	√	√	√	√	√	√	√	√	√
1.00	√	√	√	√	√	√	√	√	√
1.25	√	√	√	√	√	√	√	√	√
1.50	√	√	√	√	√	√	√	√	√
1.75	√	√	√	√	√	√	√	√	√
2.00	√	√	√	√	√	√	√	√	√

4.1.3 钢纤维混凝土配合比

（1）基本要求

钢纤维混凝土配合比设计的目的是将其组成的材料，即钢纤维、水泥、水、粗细骨料及外掺剂等合理配合，使所配制的钢纤维混凝土满足下列要求：

① 满足工程所需要的强度和耐久性。对建筑工程一般应满足抗压强度和抗拉强度的要求，对路（道）面工程一般应满足抗压强度和抗折强度的要求。钢纤维混凝土设计标号为CF30F100W8。

② 配制成的钢纤维混凝土拌合料的和易性应满足施工要求。钢纤维混凝土施工采用泵送施工方法，钢纤维混凝土拌合物坍落度为（180±30）mm。

③ 经济合理。在满足工程要求的条件下，充分发挥钢纤维的增强作用，合理确定钢纤维和水泥用量，降低钢纤维混凝土的成本，使工程造价经济合理。

（2）钢纤维混凝土配合比特征分析

钢纤维混凝土的配合比设计与普通水泥混凝土的相比，其主要特点是：

① 性能特征。在水泥混凝土的配合比拌合料中掺入钢纤维，主要是为了提高混凝土的抗弯、抗拉、抗疲劳能力和韧性。

② 配合比设计的强度控制。当有抗压强度要求时，除按照抗压强度控制外，还应根据工程性质和要求，分别按照抗折强度或抗拉强度进行控制，确定拌合料的配合比，以充分发挥钢纤维混凝土的增强作用。而普通水泥混凝土一般以抗压强度控制（道路混凝土以抗折强度控制）来确定拌合料的配合比。

③ 分散性特征。配合比设计时，应考虑掺入拌合料中的钢纤维能分散均匀，并使钢纤维的表面包满砂浆，以保证钢纤维混凝土的质量。

④ 和易性特征。在拌合料中加入钢纤维后，其和易性有所降低。为了获得适宜的和易性，有必要适当增加单位用水量和单位水泥用量。

（3）原理和方法

钢纤维混凝土配合比设计的基本方法是建立在钢纤维混凝土拌合料的特性及其硬化后的强度基础上的。其主要目的是根据使用要求，合理确定拌合料的水胶比、钢纤维体积率、单位用水量和砂率等四个基本参数，由此，即可计算出各组成材料的用量。

① 在确定基本参数时，既要满足抗压强度要求，又要符合抗折强度或抗

拉强度要求，以及和易性、经济性要求。

② 试验分析表明，钢纤维混凝土的抗压强度、抗折强度和抗拉强度与水泥强度等级、水胶比、钢纤维体积率和长径比、砂率、用水量等因素有关，其中水胶比和水泥强度等级对抗压强度影响最大，其他因素影响较小。

③ 钢纤维体积率和长径比、水泥强度等级对抗折强度和抗拉强度影响最大，砂率和用水量对和易性影响较大。

④ 以抗压强度与水胶比、水泥强度等级的关系来确定水胶比，然后用抗折强度或抗拉强度确定体积率。由此确定的配合比，既能满足抗压强度要求，又能满足抗折强度或抗拉强度要求，在初步确定水胶比和体积率后，再根据和易性要求确定砂率和用水量。由此可初步确定计算配合比。

⑤ 由于配制钢纤维混凝土原材料品种、类型的差异和施工条件的不同，在实际工程中，其配合比的设计一般是在初步计算的基础上，通过试验和结合施工现场的条件进行调整确定。

钢纤维混凝土配合比设计流程图见图4.3。

图4.3　钢纤维混凝土配合比设计的流程图

（4）基本参数确定

① 粗骨料级配。

粗骨料为二级配（5～10mm，10～20mm），为使拌制的混凝土密实性好，需粗骨料振实密度最大。试验得出，两个粒径级骨料按照质量比1：1掺合，振实密度最大为1775kg/m³。试验结果详见表4.4。

表4.4　振实密度试验

骨料最大粒径/mm	级配	各级石子比例/%		振实密度/（kg·m⁻³）
		5～10mm	10～20mm	
20	2	20	80	1750
		30	70	1760
		40	60	1764
		50	50	1775
		60	40	1762

砂率表示砂与石之间的组合关系，直接影响混凝土拌合物的和易性，最优砂率将使混凝土拌合物具有良好的黏聚性并达到要求的流动性，而水泥用量（或用水量）最小。因此在配合比设计时，必须通过混凝土拌合物坍落度试验来确定最优砂率。

在保证水胶比不变（即控制一定的用水量、胶凝材料用量）的条件下，按照《混凝土泵送施工技术规程》（JGJ/T 10—2011）中的规定，泵送混凝土的砂率宜为38%～45%。拟定设置5组试验，砂率分别设为38%、40%、42%、44%、46%。坍落度大且和易性最好的拌合物的砂率为最优砂率，试验结果表明最优砂率为42%。结果详见表4.5。

表4.5　最优砂率试验结果

砂率/%	38	40	42	44	46
坍落度/cm	2.3	3.5	3.7	3.0	2.2
棍度	中	上	上	上	上
黏聚性	较好	较好	较好	较好	较好
含砂情况	多	多	多	多	多
析水情况	少量	少量	少量	少量	少量
和易性	一般	较好	好	较好	较好

根据《纤维混凝土结构技术规程》（CECS 38：2004）中的要求，当钢纤维体积率增加0.5%（本书试验要求钢纤维体积率为0.5%）时，砂率宜增加3%～5%，同时考虑到砂率偏大会影响混凝土强度及混凝土的保坍性，故确定最优砂率为45%（即42%+3%）。

② 配制强度及水胶比。

配制强度及水胶比按照《普通混凝土配合比设计规程》（JGJ 55—2011）进行确定。

配制抗压强度：

计算公式为

$$f_{cu,0} \geqslant f_{cu,k} + 1.645\sigma \tag{4.1}$$

式中：$f_{cu,0}$——混凝土配制强度，MPa；

$\quad\quad f_{cu,k}$——混凝土立方体抗压强度标准值，MPa；

$\quad\quad \sigma$——混凝土强度标准差，MPa，在无统计资料计算标准差的情况下，σ值应按照现行国标《混凝土结构工程施工及验收规范》（GB 50204—2015）的规定选用；根据规范中的规定，本配合比设计中σ取5.0MPa。

本配合比设计强度等级为CF30F100W8，即混凝土立方体抗压强度标准值$f_{cu,k} = 30$MPa，故按照式（4.1）计算配制抗压强度为：$f_{cu,0} \geqslant f_{cu,k} + 1.645\sigma = 30 + 1.645 \times 5 = 38.2$（MPa）。

水胶比：

计算公式：

$$W/C = \frac{\alpha_a \times f_{ce}}{f_{cu,0} + \alpha_a \times \alpha_b \times f_{ce}} \tag{4.2}$$

式中：α_a，α_b——回归系数，依据《普通混凝土配合比设计规程》（JGJ 55—2011）中表4.0.4，分别取值为0.48，0.33；

$\quad\quad f_{cu,0}$——混凝土配制强度，由式（4.1）计算结果，取为38.2MPa；

$\quad\quad f_{ce}$——水泥28d实测强度值，估值为50MPa。

由式（4.2）计算得：

$$W/C = \frac{0.48 \times 50}{38.2 + 0.48 \times 0.33 \times 50} = 0.52$$

根据《纤维混凝土结构技术规程》（CECS 38：2004）的规定，对于以耐久性为主要要求的混凝土，水胶比不得大于0.45；根据《泵送混凝土施工技术规程》（JGJ/T 10—2011）的规定，泵送混凝土的水胶比宜为0.4～0.6，试验中使用的外加剂具有高效减水作用，因此，确定基准混凝土水胶比为$W/(C+F)=0.40$。另两个水胶比分别确定为0.45和0.35（按0.05递变）。

③ 钢纤维用量。

对于由水泥抗折强度确定钢纤维体积率的，混凝土钢纤维体积率可按照式（4.3）确定。钢纤维混凝土抗折强度与水胶比、钢纤维体积率、长径比及水泥的抗折强度有如下关系：

$$f_{cu} = R_{tm}\left(0.12C/W + 0.31 + \beta_{tm}f_t \cdot l/d_f\right) \qquad (4.3)$$

式中：f_{cu}——钢纤维混凝土试配抗折强度，MPa，其值可根据有关规范规定，由设计抗折强度乘以提高系数1.10～1.15计算，选择1.13，设计钢纤维混凝土抗折强度为4.0MPa，所以$f_{cu} = 4.0 \times 1.13 = 4.52$MPa；

R_{tm}——实测28d的水泥抗折强度，MPa，可由水泥厂提供的水泥试验报告单查得，查得结果为9.1MPa；

C/W——钢纤维混凝土所要求的灰水比（灰水比为2.5，具体计算方法见后）；

l/d_f——钢纤维长径比，螺纹型为40，超细型为60；

β_{tm}——不同品种钢纤维对抗折强度的影响系数。根据试验回归分析结果，β_{tm}值列于表4.6。本书的两种钢纤维均为剪切型，即$\beta_{tm}=0.62$；

f_t——设计钢纤维混凝土抗折强度，MPa。

表4.6　影响系数β_{tm}

钢纤维类型	β_{tm}	$f_{cu计}/f_{cu试}$			
		组数η	平均值μ	标准差α	离散系数δ
切割型	0.30	32	1.004	0.126	0.125
熔抽型	0.32	39	1.012	0.116	0.115
剪切型	0.62	74	0.980	0.086	0.088

公式（4.3）适用于水泥强度等级为42.5级和52.5级的水泥，水胶比0.4～0.6，中砂，砂率为40%～60%，碎石粒径为5～20mm，钢纤维体积率0.5%～

2.5%，长径比为40～100的钢纤维混凝土试配抗折强度计算。

将已经确定的参数代入式（4.3）得：

螺纹型钢丝体积率：$\rho_f = -0.0046$，取绝对值，故$\rho_f = 0.0046 = 0.5\%$。

超细型钢丝体积率：$\rho_f = -0.0031$，取绝对值，故$\rho_f = 0.0031 = 0.3\%$。

考虑到超细型钢纤维的体积率为0.3%，偏小，根据已有资料及参照已有的工程经验，选择钢纤维体积率为0.50%。即螺纹型及超细型钢纤维掺量均为40kg/m³。

④ 控制坍落度。

根据工程要求及泵送施工工艺，按照《混凝土泵送施工技术规程》（JGJ/T 10—2011）计算控制坍落度。

泵送混凝土试配时初始坍落度值计算公式为

$$T_t = T_p + \Delta t \qquad (4.4)$$

式中：T_t——试配时要求的初始坍落度值，mm；

$\quad\quad T_p$——入泵时要求的坍落度值，mm，参照《混凝土泵送施工技术规程》（JGJ/T 10—2011）中表3.2.4-1的规定，确定取值为140mm；

$\quad\quad \Delta t$——预计时间内的坍落度经时损失值，mm，本书要求坍落度保持时间为90min，参照《混凝土泵送施工技术规程》（JGJ/T 10—2011）中表3.2.4-2的规定，确定取值为50mm。

由此计算得$T_t = 190$mm，故试配时的初始坍落度控制为（190 ± 30）mm。

⑤ 单位用水量及粉煤灰掺量。

经过试配调整，确定基准混凝土单位用水量为168kg。

根据《粉煤灰混凝土应用技术规程》（GB/T 50146—2014）中的规定，中、低强度混凝土及泵送混凝土的粉煤灰取代水泥的最大限量为40%，考虑到钢纤维混凝土的设计强度等级为CF30F100W8，故确定基准混凝土配合比粉煤灰掺量为10%。

（5）基准配合比

根据《普通混凝土配合比设计规程》（JGJ 55—2011），采用假定密度法进行配合比计算。计算公式为

$$C + F + W + S + G + Q = m_{cp} \qquad (4.5)$$

$$\beta_s = \frac{S}{S + G} \times 100\% \qquad (4.6)$$

式中：C——水泥用量，kg/m^3；

$\quad\quad\quad F$——粉煤灰用量，kg/m^3；

$\quad\quad\quad W$——水用量，kg/m^3；

$\quad\quad\quad S$——砂用量，kg/m^3；

$\quad\quad\quad G$——石子用量，kg/m^3；

$\quad\quad\quad Q$——钢纤维用量，kg/m^3；

$\quad\quad\quad m_{cp}$——钢纤维混凝土拌合物的表观密度，kg/m^3；

$\quad\quad\quad \beta_s$——砂率，%。

根据实践经验，普通混凝土的密度一般为 $2350 \sim 2450 kg/m^3$，考虑掺入钢纤维量为 $40 kg/m^3$，假定基准配合比拌合物密度为 $2400 kg/m^3$。按照假定密度法可计算出基准钢纤维混凝土中砂、石的用量。根据前面的计算分析，已经确定的基准配合比设计参数为：

$W/(C + F)$ 为 0.40；β_s 为 45%；单位用水量为 168kg；钢纤维掺量为 $40 kg/m^3$；粉煤灰掺量为 10%；假定表观密度 $2400 kg/m^3$；粗骨料各粒径级掺合（5~10mm 与 10~20mm）比例为 1：1。基准配合比砂石骨料用量的计算结果为

$$G + S = 2400 - 168 - 420 - 40 = 1772 \left(kg/m^3 \right)$$

$$S = 1772 \times 45\% = 797 \left(kg/m^3 \right)$$

$$G = 1772 - 797 = 975 \left(kg/m^3 \right)$$

综上所述，钢纤维混凝土基准配合比计算结果列于表4.7。

表4.7　钢纤维混凝土基准配合比计算结果

设计等级	水胶比	砂率/%	各材料用量/（kg·m^{-3}）						
			水泥	粉煤灰	水	砂	石子	钢纤维	外加剂
CF30F100W8	0.40	45	378	42	168	797	975	40	按产品掺量

其余配合比的各材料用量需经过试配确定每立方米混凝土用水量后，按照确定的水胶比计算相应的胶凝材料用量，而粉煤灰掺量、钢纤维掺量、砂率均与基准配合比相同。

（6）拌合试验及优化

① 投料顺序及搅拌时间。

为保证混凝土混合料的搅拌质量，宜采用先干后湿的拌合工艺。试验室投

料顺序及搅拌时间为：粗骨料→钢纤维（干拌1min）→细骨料→水泥、粉煤灰、外加剂（粉状）等（干拌1min），最后加足水、外加剂（液态）湿拌3min。总搅拌时间不超过5min，超时搅拌会引起钢纤维结团。若在拌合中先加水泥和粗、细骨料，后加钢纤维则容易结成团，而且纤维团越滚越紧，难以分开，一旦发现有纤维结团，就必须将其分开，以防止因此而影响混凝土的质量。

② 基准配合比拌合试验。

拌合试验混凝土各材料用量见表4.8，拌合试验结果见表4.9。经过拌合试验，混凝土拌合物初始坍落度及含气量均偏大，将减水剂的掺量由0.8%调整为0.7%。重新进行拌合试验，结果见表4.10。

表4.8 拌合试验混凝土各材料用量

设计等级	水胶比	砂率/%	各材料用量/（kg·m⁻³）						
			水泥	粉煤灰	水	砂	石子	钢纤维	外加剂
CF30F100W8	0.40	45	378	42	168	744	1028	40	3.36

表4.9 拌合试验结果

水胶比	初始坍落度/mm	含气量/%	和易性
0.40	220	5.5	好

表4.10 重新拌合试验结果

水胶比	初始坍落度/mm	含气量/%	和易性
0.40	205	4.5	好

以该调整后的配合比进行拌合试验，混凝土拌合物坍落度为205mm，含气量为4.5%，符合设计要求，此即为基准配合比。结果见表4.11。

表4.11 成型混凝土各材料用量（基准配合比）

序号	水胶比	砂率/%	各材料用量/（kg·m⁻³）						
			水泥	粉煤灰	水	砂	石子	钢纤维	外加剂
12-24-2	0.40	45	378	42	168	797	975	40	2.94

以基准配合比为基础，将水胶比分别增加或减少0.05，其他已经确定的混凝土配合比参数不变，按照上述方法重新计算得出另两组配合比各材料用量。

见表4.12。

表4.12　成型混凝土各材料用量（由基准配合比衍生）

序号	水胶比	砂率/%	各材料用量/（kg·m⁻³）						
			水泥	粉煤灰	水	砂	石子	钢纤维	外加剂
12-24-1	0.45	45	351	39	176	807	988	40	2.73
12-24-3	0.35	45	405	45	158	788	964	40	3.15

③ 优化调整。

以上述基准配合比及以基准配合比衍生的2个配合比试验结果，绘制水胶比与对应抗压强度值关系曲线、水胶比与对应用水量关系曲线和水胶比与对应拌合物实测密度值关系曲线，从水胶比与对应抗压强度值关系曲线上查试配抗压强度值对应的水胶比，此即为混凝土配合比的设计水胶比。根据这个水胶比，查水胶比与对应用水量关系曲线和水胶比与对应拌合物实测密度值关系曲线，得到混凝土配合比的设计用水量和设计实测密度，再按照式（4.7）和式（4.8）及混凝土配合比参数砂率45%不变，计算各材料用量。计算公式为：

$$m_{c,c} = m_w + m_c + m_p + m_s + m_g \tag{4.7}$$

$$\delta = \frac{m_{c,t}}{m_{c,c}} \tag{4.8}$$

式中：δ——配合比校正系数；

　　　$m_{c,c}$——每立方米混凝土拌合物质量计算值，kg；

　　　$m_{c,t}$——每立方米混凝土拌合物质量实测值，kg；

　　　m_w——每立方米混凝土用水量，kg；

　　　m_c——每立方米混凝土水泥用量，kg；

　　　m_p——每立方米混凝土掺合料用量，kg；

　　　m_s——每立方米混凝土砂子用量，kg；

　　　m_g——每立方米混凝土石子用量，kg。

按照校正系数δ对配合比中各材料用量进行调整，即得到设计配合比。按照工程实践经验，一般可以将试验结果达到设计及施工技术指标要求并且胶凝材料量最少的确定为推荐配合比，直接用作施工配合比。若施工条件与配合比设计时的条件发生变化，按照实际情况进行调整。钢纤维混凝土配合比分组、试验结果及推荐配合比详见表4.13～表4.16。

表4.13 钢纤维混凝土试验配合比

配合比编号	胶凝材料总量/kg	粉煤灰掺量/%	水胶比	砂率/%	各材料用量/（kg·m⁻³）								水泥品种及标号	粉煤灰品种	外加剂品种/掺量/%	钢纤维品种
					水泥	粉煤灰	水	砂	石 5~10mm	石 10~20mm	外加剂	钢纤维				
12-24-1	390	10	0.45	45	351	39	176	807	494	494	2.73	40	I	I	I/0.7	I
12-24-2	420	10	0.40	45	378	42	168	797	488	488	2.94	40	I	I	I/0.7	I
12-24-3	450	10	0.35	45	405	45	158	788	482	482	3.15	40	I	I	I/0.7	I
12-24-4	390	10	0.45	45	351	39	176	807	494	494	2.73	40	I	I	I/0.7	II
12-24-5	420	10	0.40	45	378	42	168	797	488	488	2.94	40	I	I	I/0.7	II
12-24-6	450	10	0.35	45	405	45	158	788	482	482	3.15	40	I	I	I/0.7	II
12-24-7	390	10	0.45	45	351	39	176	807	494	494	3.51	40	I	I	II/0.9	I
12-24-8	420	10	0.40	45	378	42	168	797	488	488	3.78	40	I	I	II/0.9	I
12-24-9	450	10	0.35	45	405	45	158	788	482	482	4.5	40	I	I	II/1.0	I
12-24-10	390	10	0.45	45	351	39	176	807	494	494	3.51	40	I	I	II/0.9	II
12-24-11	420	10	0.40	45	378	42	168	797	488	488	3.78	40	I	I	II/0.9	II
12-24-12	450	10	0.35	45	405	45	158	788	482	482	4.5	40	I	I	II/1.0	II
12-24-13	390	10	0.45	45	351	39	176	807	494	494	2.73	40	I	II	I/0.7	I
12-24-14	420	10	0.40	45	378	42	168	797	488	488	2.94	40	I	II	I/0.7	I

表4.13（续）

配合比编号	胶凝材料总量/kg	粉煤灰掺量/%	水胶比	砂率/%	水泥	粉煤灰	水	砂	石 5~10mm	石 10~20mm	外加剂	钢纤维	水泥品种及标号	粉煤灰品种	外加剂品种/掺量/%	钢纤维品种
12-24-15	450	10	0.35	45	405	45	158	788	482	482	3.15	40	I	II	I/0.7	I
12-24-16	390	10	0.45	45	351	39	176	807	494	494	2.73	40	I	II	I/0.7	II
12-24-17	420	10	0.40	45	378	42	168	797	488	488	2.94	40	I	II	I/0.7	II
12-24-18	450	10	0.35	45	405	45	158	788	482	482	3.15	40	I	II	I/0.7	II
12-24-19	390	10	0.45	45	351	39	176	807	494	494	3.51	40	I	II	II/0.9	I
12-24-20	420	10	0.40	45	378	42	168	797	488	488	3.78	40	I	II	II/0.9	I
12-24-21	450	10	0.35	45	405	45	158	788	482	482	4.5	40	I	II	II/1.0	I
12-24-22	390	10	0.45	45	351	39	176	807	494	494	3.51	40	I	II	II/0.9	II
12-24-23	420	10	0.40	45	378	42	168	797	488	488	3.78	40	I	II	II/0.9	II
12-24-24	450	10	0.35	45	405	45	158	788	482	482	4.5	40	I	II	II/1.0	II
12-25-1	390	10	0.45	45	351	39	176	807	494	494	2.73	40	II	I	I/0.7	I
12-25-2	420	10	0.40	45	378	42	168	797	488	488	2.94	40	II	I	I/0.7	I
12-25-3	450	10	0.35	45	405	45	158	788	482	482	3.15	40	II	I	I/0.7	I
12-25-4	390	10	0.45	45	351	39	176	807	494	494	2.73	40	II	I	I/0.7	II

表4.13（续）

配合比编号	胶凝材料总量/kg	粉煤灰掺量/%	水胶比	砂率/%	各材料用量/（kg·m⁻³）				石		外加剂	钢纤维	水泥品种及标号	粉煤灰品种	外加剂品种/掺量/%	钢纤维品种
					水泥	粉煤灰	水	砂	5~10mm	10~20mm						
12-25-5	420	10	0.40	45	378	42	168	797	488	488	2.94	40	Ⅱ	Ⅰ	Ⅰ/0.7	Ⅱ
12-25-6	450	10	0.35	45	405	45	158	788	482	482	3.15	40	Ⅱ	Ⅰ	Ⅰ/0.7	Ⅱ
12-25-7	390	10	0.45	45	351	39	176	807	494	494	3.36	40	Ⅱ	Ⅰ	Ⅱ/0.8	Ⅰ
12-25-8	420	10	0.40	45	378	42	168	797	488	488	3.78	40	Ⅱ	Ⅰ	Ⅱ/0.8	Ⅰ
12-25-9	450	10	0.35	45	405	45	158	788	482	482	3.6	40	Ⅱ	Ⅰ	Ⅱ/0.8	Ⅰ
12-25-10	390	10	0.45	45	351	39	176	807	494	494	3.36	40	Ⅱ	Ⅰ	Ⅱ/0.8	Ⅱ
12-25-11	420	10	0.40	45	378	42	168	797	488	488	3.78	40	Ⅱ	Ⅰ	Ⅱ/0.8	Ⅱ
12-25-12	450	10	0.35	45	405	45	158	788	482	482	3.6	40	Ⅱ	Ⅰ	Ⅱ/0.8	Ⅱ
12-25-13	390	10	0.45	45	351	39	176	807	494	494	2.73	40	Ⅱ	Ⅱ	Ⅰ/0.7	Ⅰ
12-25-14	420	10	0.40	45	378	42	168	797	488	488	2.94	40	Ⅱ	Ⅱ	Ⅰ/0.7	Ⅰ
12-25-15	450	10	0.35	45	405	45	158	788	482	482	3.15	40	Ⅱ	Ⅱ	Ⅰ/0.7	Ⅰ
12-25-16	390	10	0.45	45	351	39	176	807	494	494	2.73	40	Ⅱ	Ⅱ	Ⅰ/0.7	Ⅱ
12-25-17	420	10	0.40	45	378	42	168	797	488	488	2.94	40	Ⅱ	Ⅱ	Ⅰ/0.7	Ⅱ

表4.13（续）

配合比编号	胶凝材料总量/kg	粉煤灰掺量/%	各材料用量/（kg·m⁻³）											水泥品种及标号	粉煤灰品种	外加剂品种/掺量/%	钢纤维品种
			水胶比	砂率/%	水泥	粉煤灰	水	砂	石			外加剂	钢纤维				
									5~10mm	10~20mm							
12-25-18	450	10	0.35	45	405	45	158	788	482	482	3.15	40	Ⅱ	Ⅱ	Ⅰ /0.7	Ⅱ
12-25-19	390	10	0.45	45	351	39	176	807	494	494	3.36	40	Ⅱ	Ⅱ	Ⅱ /0.8	Ⅰ
12-25-20	420	10	0.40	45	378	42	168	797	488	488	3.78	40	Ⅱ	Ⅱ	Ⅱ /0.8	Ⅰ
12-25-21	450	10	0.35	45	405	45	158	788	482	482	3.6	40	Ⅱ	Ⅱ	Ⅱ /0.8	Ⅰ
12-25-22	390	10	0.45	45	351	39	176	807	494	494	3.36	40	Ⅱ	Ⅱ	Ⅱ /0.8	Ⅱ
12-25-23	420	10	0.40	45	378	42	168	797	488	488	3.78	40	Ⅱ	Ⅱ	Ⅱ /0.8	Ⅱ
12-25-24	450	10	0.35	45	405	45	158	788	482	482	3.6	40	Ⅱ	Ⅱ	Ⅱ /0.8	Ⅱ

注：① 水泥品种及标号Ⅰ为泽河牌P.O42.5；Ⅱ为长白山牌P.O42.5。② 粉煤灰品种Ⅰ为抚顺荣信粉煤灰；Ⅱ为沈海粉煤灰。③ 外加剂品种Ⅰ为河南巩义跨越2000引气型高效减水剂；Ⅱ为上海麦斯特特高效减水剂。④ 钢纤维品种Ⅰ为螺纹型；Ⅱ为超细型。⑤ 钢纤维混凝土设计标号为CF30F100W8。⑥ 各型钢纤维体积率均为0.5%。

表 4.14 钢纤维混凝土试验配合比性能指标

配合比编号	坍落度 /mm	含气量 /%	初裂强度 /MPa	韧度指数 $\eta_{m5}/\eta_{m10}/\eta_{m30}$	抗折强度 /MPa	抗压强度/MPa				劈拉强度 /MPa	弹性模量 /MPa	泊松比	相对动弹模量（100次冻融循环）/%	抗渗等级
						3d	7d	14d	28d					
12-24-1	188	4.4				16.5	21.6	28.4	33.1	3.44			69	>W8
12-24-2	204	4.5	2.9	5.99/12.06/27.91	3.55	16.8	26.1	31.7	38.5	3.65	2.90×10^4	0.210	72	>W8
12-24-3	216	4.3				20.3	29.4	37.1	41.1	3.91			77	>W8
12-24-4	193	4.6				17.3	25.6	28.5	30.8	3.18			70	>W8
12-24-5	173	4.0	2.8	5.77/11.37/26.19	3.27	18.0	28.3	32.3	41.6	3.40	2.90×10^4	0.210	83	>W8
12-24-6	204	3.9				21.1	31.1	39.2	42.4	3.42			85	>W8
12-24-7	166	5.1				16.3	23.5	28.6	30.0	3.13			94	>W8
12-24-8	162	6.2	3.4	6.15/12.83/32.26	3.82	19.2	26.7	34.9	40.3	3.52	2.90×10^4	0.210	96	>W8
12-24-9	193	5.0				22.0	32.9	40.4	45.8	3.90			96	>W8
12-24-10	166	4.2				18.4	27.3	33.6	37.3	3.46			92	>W8
12-24-11	187	6.0	2.5	6.34/13.43/33.22	3.55	19.3	27.5	23.8	39.1	3.65	2.89×10^4	0.210	94	>W8
12-24-12	187	5.1				29.9	32.4	39.7	46.4	5.27			97	>W8
12-24-13	188	3.7				16.6	23.7	29.1	34.3	2.98			93	>W8
12-24-14	210	4.9				17.0	24.3	28.9	37.5	3.41			94	>W8
12-24-15	196	4.5	2.6	6.17/12.70/32.44	3.18	19.3	28.1	37.7	40.4	3.77	2.90×10^4	0.210	96	>W8

表4.14（续）

配合比编号	坍落度/mm	含气量/%	初裂强度/MPa	韧度指数 $\eta_{m5}/\eta_{m10}/\eta_{m30}$	抗折强度/MPa	抗压强度/MPa				劈拉强度/MPa	弹性模量/MPa	泊松比	相对动弹模量（100次冻融循环）/%	抗渗等级
						3d	7d	14d	28d					
12-24-16	183	3.5				17.4	25.4	31.0	34.5	3.44			92	>W8
12-24-17	171	3.6	3.2	6.08/12.41/31.57	3.76	18.0	27.2	31.6	40.8	3.64	2.91×10^4	0.212	93	>W8
12-24-18	186	4.1				18.8	27.7	35.8	41.9	3.66			95	>W8
12-24-19	203	4.2				17.8	27.9	31.7	35.5	3.38			66	>W8
12-24-20	181	4.7	2.8	6.60/13.99/34.92	4.05	22.4	33.3	36.6	40.3	3.54	2.91×10^4	0.211	74	>W8
12-24-21	195	3.7				24.0	35.9	44.3	47.7	4.21			75	>W8
12-24-22	186	4.0				19.2	26.2	31.7	34.6	3.14			80	>W8
12-24-23	191	5.8	2.8	6.15/12.83/33.98	3.79	20.2	27.2	37.3	41.8	3.64	2.93×10^4	0.212	95	>W8
12-24-24	214	3.9				22.7	30.1	38.2	44.0	3.83			93	>W8
12-25-1	185	4.2				15.3	25.2	29.5	36.9	3.17			94	>W8
12-25-2	176	4.5	2.9	6.07/11.39/31.05	3.48	15.0	27.2	33.8	41.9	3.57	2.91×10^4	0.211	96	>W8
12-25-3	216	5.6				18.5	29.5	37.1	43.0	3.64			98	>W8
12-25-4	198	4.3				17.8	25.1	30.3	33.6	3.41			88	>W8
12-25-5	194	3.6	2.5	6.34/13.79/36.29	3.46	18.0	26.6	32.0	38.4	3.72	2.89×10^4	0.210	90	>W8
12-25-6	207	4.5				18.0	27.7	32.3	43.2	3.83			94	>W8

表4.14（续）

配合比编号	坍落度/mm	含气量/%	初裂强度/MPa	韧度指数 $\eta_{m5}/\eta_{m10}/\eta_{m30}$	抗折强度/MPa	抗压强度/MPa				劈拉强度/MPa	弹性模量/MPa	泊松比	相对动弹模量（100次冻融循环）/%	抗渗等级
						3d	7d	14d	28d					
12-25-7	182	3.7	2.6	6.33/12.76/31.75	3.59	17.4	21.9	28.8	34.5	3.67			79	>W8
12-25-8	199	2.5	2.8	6.04/12.31/32.31	3.71	19.4	23.0	29.3	39.6	3.66	$2.89×10^4$	0.210	77	>W8
12-25-9	185	3.6	2.1	6.41/12.80/35.23	3.03	25.1	32.2	39.1	45.3	4.08			80	>W8
12-25-10	158	4.5	2.7	6.25/14.12/41.74	4.10	16.5	20.3	29.1	33.0	2.85			83	>W8
12-25-11	203	5.5	2.8	6.38/13.28/32.57	3.41	17.7	25.6	29.3	38.7	3.45	$2.89×10^4$	0.207	90	>W8
12-25-12	192	4.3				21.4	28.3	35.0	43.9	3.82			91	>W8
12-25-13	185	5.0				13.3	19.3	26.8	31.7	3.43			75	>W8
12-25-14	216	3.9	2.4	5.97/12.30/29.91	2.98	14.3	22.4	32.4	40.6	3.77	$2.93×10^4$	0.212	77	>W8
12-25-15	196	3.7				19.6	27.7	35.5	43.2	3.83			80	>W8
12-25-16	223	4.0				15.3	23.5	29.1	33.3	3.21			78	>W8
12-25-17	170	2.0	2.2	6.09/12.33/28.05	2.88	16.6	24.4	31.3	41.0	3.60	$2.91×10^4$	0.212	80	>W8
12-25-18	187	3.7				21.4	29.0	35.5	42.7	3.87			82	>W8
12-25-19	203	4.4				13.5	20.4	28.3	31.0	2.84			85	>W8
12-25-20	214	2.2	2.3	6.11/11.79/27.56	2.95	16.6	22.8	32.6	38.5	3.28	$2.89×10^4$	0.210	87	>W8
12-25-21	187	3.5				19.3	27.5	37.1	43.2	3.24			91	>W8

表4.14（续）

配合比编号	坍落度/mm	含气量/%	初裂强度/MPa	韧度指数 $\eta_{m5}/\eta_{m10}/\eta_{m30}$	抗折强度/MPa	抗压强度/MPa 3d	7d	14d	28d	劈拉强度/MPa	弹性模量/MPa	泊松比	相对动弹模量（100次冻融循环）/%	抗渗等级
12-25-22	196	3.5				12.5	19.7	27.6	31.3	3.17			92	>W8
12-25-23	223	4.0	2.8	6.80/13.69/33.94	3.64	16.8	23.4	28.6	38.8	3.63	2.90×10^4	0.210	94	>W8
12-25-24	217	3.8				18.4	26.7	35.7	40.5	3.65			95	>W8

表4.15 钢纤维混凝土试验推荐配合比

配合比编号	胶凝材料总量/kg	粉煤灰掺量/%	水胶比	砂率/%	各材料用量/(kg·m^{-3}) 水泥	粉煤灰	水	砂	石 5~10mm	10~20mm	外加剂	钢纤维	水泥品种及标号	粉煤灰品种	外加剂品种/掺量/%	钢纤维品种
12-24-2	410	10	0.40	45	370	40	164	780	478	478	2.87	40	I	I	I/0.7	I
12-24-5	410	10	0.40	45	370	40	164	780	478	478	2.87	40	I	I	I/0.7	II
12-24-8	410	10	0.40	45	370	40	164	780	478	478	3.69	40	I	I	II/0.9	I
12-24-11	410	10	0.40	45	370	40	164	780	478	478	3.69	40	I	I	II/0.9	II
12-24-15	440	10	0.35	45	396	44	155	771	472	472	3.08	40	I	II	I/0.7	I
12-24-17	410	10	0.40	45	370	40	164	780	478	478	2.87	40	I	II	I/0.7	II
12-24-20	410	10	0.40	45	370	40	164	780	478	478	3.69	40	I	II	II/0.9	I

表4.15（续）

配合比编号	胶凝材料总量/kg	粉煤灰掺量/%	水胶比	砂率/%	各材料用量/(kg·m⁻³)								水泥品种及标号	粉煤灰品种	外加剂品种/掺量/%	钢纤维品种
					水泥	粉煤灰	水	砂	石 5~10mm	石 10~20mm	外加剂	钢纤维				
12-24-23	410	10	0.40	45	370	40	164	780	478	478	3.69	40	Ⅰ	Ⅱ	Ⅱ/0.9	Ⅱ
12-25-2	410	10	0.40	45	370	40	164	780	478	478	2.87	40	Ⅱ	Ⅰ	Ⅰ/0.7	Ⅰ
12-25-5	410	10	0.40	45	370	40	164	780	478	478	2.87	40	Ⅱ	Ⅰ	Ⅰ/0.7	Ⅱ
12-25-8	410	10	0.40	45	370	40	164	780	478	478	3.28	40	Ⅱ	Ⅰ	Ⅱ/0.8	Ⅰ
12-25-11	410	10	0.40	45	370	40	164	780	478	478	3.28	40			Ⅱ/0.8	Ⅱ
12-25-14	410	10	0.40	45	370	40	164	780	478	478	2.87	40	Ⅱ	Ⅱ	Ⅰ/0.7	Ⅰ
12-25-17	410	10	0.40	45	370	40	164	780	478	478	2.87	40	Ⅱ	Ⅱ	Ⅰ/0.7	Ⅱ
12-25-20	410	10	0.40	45	370	40	164	780	478	478	3.28	40	Ⅱ	Ⅱ	Ⅱ/0.8	Ⅰ
12-25-23	410	10	0.40	45	370	40	164	780	478	478	3.28	40	Ⅱ	Ⅱ	Ⅱ/0.8	Ⅱ

注：①水泥品种及标号Ⅰ为浑河牌P.O42.5；Ⅱ为长白山牌P.O42.5。②粉煤灰品种Ⅰ为抚顺荣信粉煤灰；Ⅱ为沈海粉煤灰。③外加剂品种Ⅰ为河南巩义跨越2000引气型高效减水剂；Ⅱ为上海麦斯特高效特减水剂。④钢纤维品种Ⅰ为螺纹型；Ⅱ为超细型。⑤钢纤维混凝土设计标号为CF30F100W8。⑥各型钢纤维体积率均为0.5%。

表4.16　钢纤维混凝土试验推荐配合比性能指标

配合比编号	坍落度/mm	含气量/%	初裂强度/MPa	韧度指数 $\eta_{m5}/\eta_{m10}/\eta_{m30}$	抗折强度/MPa	抗压强度/MPa				劈拉强度/MPa	弹性模量/MPa	泊松比	相对动弹模量（100次冻融循环）/%	抗渗等级
						3d	7d	14d	28d					
12-24-2	204	4.5	2.9	5.99/12.06/27.91	3.55	16.8	26.1	31.7	38.5	3.65	2.90×10^4	0.210	72	>W8
12-24-5	173	4.0	2.8	5.77/11.37/26.19	3.27	18.0	28.3	32.3	41.6	3.40	2.90×10^4	0.210	83	>W8
12-24-8	162	6.2	3.4	6.15/12.83/32.26	3.82	19.2	26.7	34.9	40.3	3.52	2.90×10^4	0.210	96	>W8
12-24-11	187	6.0	2.5	6.34/13.43/33.22	3.55	19.3	27.5	23.8	39.1	3.65	2.90×10^4	0.210	94	>W8
12-24-15	196	4.5	2.6	6.17/12.70/32.44	3.55	19.3	28.1	37.7	40.4	3.77	2.90×10^4	0.210	96	>W8
12-24-17	171	3.6	3.2	6.08/12.41/31.57	3.76	18.0	27.2	31.6	40.8	3.64	2.91×10^4	0.212	93	>W8
12-24-20	181	4.7	2.8	6.60/13.99/34.92	4.05	22.4	33.3	36.6	40.3	3.54	2.91×10^4	0.211	74	>W8
12-24-23	191	5.8	2.8	6.15/12.83/33.98	3.79	20.2	27.2	37.3	41.8	3.64	2.93×10^4	0.212	95	>W8
12-25-2	176	4.5	2.9	6.07/11.39/31.05	3.79	15.0	27.2	33.8	41.9	3.57	2.91×10^4	0.211	96	>W8
12-25-5	194	3.6	2.5	6.34/13.79/36.29	3.46	18.0	26.6	32.0	38.4	3.72	2.89×10^4	0.210	90	>W8
12-25-8	199	3.5	2.8	6.04/12.31/32.31	3.71	19.4	23.0	29.3	39.6	3.66	2.89×10^4	0.210	77	>W8
12-25-11	203	5.5	2.8	6.38/13.28/32.57	3.41	17.7	25.6	29.3	38.7	3.45	2.89×10^4	0.207	90	>W8
12-25-14	216	3.9	2.4	5.97/12.30/29.91	2.98	14.3	22.4	32.4	40.6	3.77	2.93×10^4	0.212	77	>W8
12-25-17	170	2.0	2.2	6.09/12.33/28.05	2.88	16.6	24.4	31.3	41.0	3.60	2.91×10^4	0.212	80	>W8
12-25-20	214	2.2	2.3	6.11/11.79/27.56	2.95	16.6	22.8	32.6	38.5	3.28	2.89×10^4	0.210	87	>W8
12-25-23	223	4.0	2.8	6.80/13.69/33.94	3.64	16.8	23.4	28.6	38.8	3.63	2.90×10^4	0.210	94	>W8
平均值	—	—	2.73	6.19/12.66/31.51	3.51	/	/	/	40.0	3.59	2.90×10^4	0.210	/	/

4.2 钢纤维混凝土性能试验

4.2.1 力学性能试验结果分析

钢纤维混凝土力学性能试验包括抗压强度、抗拉强度、抗折强度、初裂强度和韧度指数，按照相关技术规范要求进行。

（1）试件制作和养护

① 试件制作。钢纤维混凝土力学性能试验以三个试件为一组，每一组试件所用的混凝土拌合物由同一拌合物中取出。制作前，先将试模洗干净，并在试模的内表面涂一层矿物油脂。将拌合物一次装入试模，并稍有富余，然后将试模放在振动台上，开动振动台至拌合物表面呈现水泥浆为止。振动结束后，用镘刀沿试模的边缘将多余的拌合物刮去，并将表面抹平。

② 试件养护。将装好拌合物的试模在（20±5）℃的情况下静置1~2d，然后拆模编号。拆模后的试件立即放在（20±3）℃、湿度为90%以上的标准养护室内养护。

（2）抗压强度

按照中国工程建设标准化协会标准CECS 13：2009《钢纤维混凝土试验方法》，制作混凝土试件在标准条件下养护，分别测其在3，7，14，28d的抗压强度，以比较不同龄期对其强度的影响。由于两种钢纤维的长度均不大于40mm，故试验所用试件为100mm×100mm×100mm非标准试件。由于该试验采用边长为100mm的非标准立方体试件，因此将测得的抗压强度值乘以换算系数0.95。

① 试验设备。WE-1000型液压式万能试验机，钢直尺等。

② 试验步骤。从养护室取出试件，擦拭干净后检查外观；将试件成型时的侧面作为承压面，安放时试件轴心对准试验机下压板中心；开动试验机，当上压板与试件接近时，调整铰座，使接触均衡；以0.3~0.8MPa/s的速度连续而均匀地对试件加荷，当试件临近破坏而开始迅速变形时，应停止调整试验机油门，直至试件破坏。记录最大荷载（P），精确至0.1MPa（见图4.4）。

图4.4　混凝土抗压强度试验

③ 试验结果。钢纤维混凝土立方体试件抗压强度按照式（4.9）计算：

$$f_{cc} = \frac{P}{A} \tag{4.9}$$

式中：f_{cc}——混凝土立方体抗压强度，MPa；

　　　P——最大荷载，N；

　　　A——试件承压面积，mm^2。

计算精确至0.1MPa。以3个试件测得的算术平均值作为该组试件的抗压强度值。若其中最大值或最小值与中间值之差大于中间值的15%，则取中间值为该组试件的抗压强度值；如果二者与中间值之差均大于中间值的15%，则试验结果无效。28d龄期试验结果见表4.17，水胶比与抗压强度关系的试验结果见表4.18。

表4.17　钢纤维混凝土28d抗压强度试验结果

序号	水胶比	劈拉强度/MPa		备注		
		螺纹型	超细型	水泥品种	粉煤灰	外加剂
10	0.45	35.5	34.6			
11	0.40	40.3	41.8	浑河 P.O42.5	沈海	上海麦斯特高效减水剂
12	0.35	47.7	44.0			
22	0.45	31.0	31.3			
23	0.40	38.5	38.8	长白山 P.O42.5	沈海	上海麦斯特高效减水剂
24	0.35	43.2	40.5			

表4.18　混凝土水胶比与抗压强度对应表

序号	配合比编号	水胶比	28d混凝土抗压强度/MPa
1	12-24-1	0.45	33.1
2	12-24-2	0.40	38.5
3	12-24-3	0.35	41.1

④ 结果分析。通过试验结果可以看出：试验的水胶比为0.35~0.45，混凝土抗压强度与水胶比成线性关系，水胶比越大，混凝土抗压强度越小；反之水胶比越小，混凝土抗压强度越大。TBM施工段配合比试验共有16种材料组合，每种材料组合共有3个水胶比，分别为0.45，0.40，0.35。从表4.17中试验结果来看，水胶比为0.40及0.35的混凝土28d抗压强度均达到配制强度，水胶比为0.45的混凝土28d抗压强度均未达到配制强度。说明水胶比对混凝土的抗压强度影响很大。这两种钢纤维在体积率为0.5%时对抗压强度影响不显著。以配合比编号为12-24-1，12-24-2，12-24-3为例，进行回归分析，见图4.5。经过回归分析得出，水胶比与抗压强度关系的数学表达式为 $Y = 69.5667 - 80X$，其相关系数 r 为0.98，为显著相关。式中自变量 X 代表水胶比，因变量 Y 代表混凝土抗压强度。

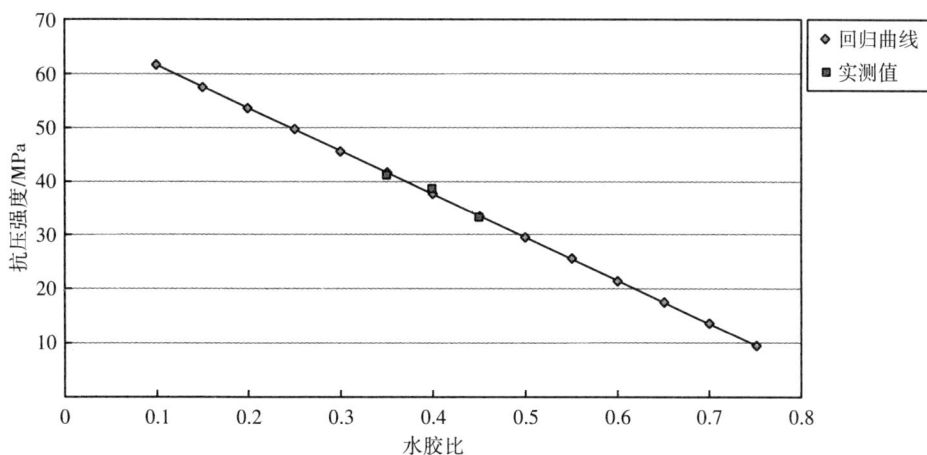

图4.5　水胶比与抗压强度关系

（3）抗拉强度

根据中国工程建设标准化协会标准CECS 13：2009《钢纤维混凝土试验方法》，制作混凝土试件在标准条件下养护，由于两种钢纤维的长度均不大于40mm，故试验所用试件为100mm×100mm×100mm非标准试件。

① 试验设备。压力试验机，垫板，钢尺等。

② 试验步骤。从养护室取出试件，擦净后检查外观并测量尺寸，精确至 1mm；在试件成型时的顶面和底面划出劈裂面位置；按照图 4.6 所示位置安放试件、弧形垫条及木质垫板。试件的轴心应对准试验机下压板的中心，垫条应垂直于试件成型时的顶面。开动试验机，当上压板与垫条接近时，调整球铰座，使接触均衡；以 0.05～0.08MPa/s 的速度对试件连续、均匀加荷。当试件临近破坏、变形迅速增长时，停止调整试验机油门，制止试件破坏。记录最大荷载，精确至 0.01MPa。

1—木质垫板；2—弧形垫条；3—试验机上压板；4—试验机下压板

图 4.6　劈裂试件安装简图

③ 试验结果。钢纤维混凝土立方体试件的劈裂抗拉强度按照式（4.10）计算：

$$f_{ts} = \frac{2p}{\pi A} = 0.637 \frac{P}{A} \tag{4.10}$$

式中：f_{ts}——混凝土劈裂抗拉强度，MPa；

　　　P——破坏荷载，N；

　　　A——试件劈裂面面积，mm^2。

计算精确至 0.01MPa。以 3 个试件测得的算术平均值作为该组试件的劈裂抗拉强度值。若其中最大值或最小值与中间值之差大于中间值的 15%，则取中间值为该组试件的抗压强度值；如果二者与中间值之差均大于中间值的 15%，则试验结果无效。

由于该试验采用边长为 100mm 的非标准立方体试件，因此将测得的劈裂抗拉强度值乘以换算系数 0.8。试验结果见表 4.19。

表4.19 钢纤维混凝土28d劈拉强度试验结果

序号	水胶比	劈拉强度/MPa		备注		
		螺纹型	超细型	水泥品种	粉煤灰	外加剂
10	0.45	3.38	3.14			
11	0.40	3.54	3.64	浑河 P.O42.5	沈海	上海麦斯特高效减水剂
12	0.35	4.21	3.83			
22	0.45	2.84	3.17			
23	0.40	3.28	3.63	长白山 P.O42.5	沈海	上海麦斯特高效减水剂
24	0.35	3.24	3.65			

④ 结果分析。通过试验结果可以看出：混凝土的劈拉强度与水胶比有关，同时，混凝土的劈拉强度与钢纤维的种类有关。水胶比越大，混凝土劈拉强度越小；反之水胶比越小，混凝土劈拉强度越大。试验结果中，不同钢纤维混凝土劈拉强度相差不多，即这两种钢纤维在体积率为0.5%时，对混凝土劈拉强度结果影响不显著。

（4）抗折强度

根据国家标准GB/T 50081—2002《普通混凝土力学性能试验方法标准》和中国工程建设标准化协会标准CECS 13：2009《钢纤维混凝土试验方法》，制作混凝土试件在标准条件下养护，试验所用试件为100mm×100mm×400mm非标准试件。在第28d时，通过三点弯曲试验测其抗折强度。

① 试验设备。压力试验机，钢轴，支座，垫板，钢尺等。

② 试验步骤。从养护室取出试件，擦净后检查外观，不得有明显缺陷。在试件中部测量其宽度和高度，精确至1mm；将试件成型时的侧面作为承压面，安放在支座上，如图4.7所示，试件放稳后开动试验机，当压头与试件接近时，调整压头和支座，使接触均衡；以0.05～0.08MPa/s的速度对试件连续、均匀加荷。当试件临近破坏、变形迅速增长时，停止调整试验机油门，制止试件破坏。记录最大荷载，精确至0.01MPa。

③ 试验结果。钢纤维混凝土试件的抗折强度按照式（4.11）计算：

$$f_{cf} = \frac{PL}{b^3} \tag{4.11}$$

式中：f_{cf}——钢纤维混凝土抗折强度，MPa；

P——钢纤维混凝土试件破坏时的荷载，N；

L——支座间距，mm；

b——试件高度，mm。

图4.7　抗折试验试件安装简图

计算精确至0.01MPa。以3个试件测得的算术平均值作为该组试件的劈裂抗拉强度值。若其中最大值或最小值与中间值之差大于中间值的15%，则取中间值为该组试件的抗压强度值；如果二者与中间值之差均大于中间值的15%，则试验结果无效。由于该试验采用100mm × 100mm × 400mm的非标准试件，因此将测得的抗折强度值乘以换算系数0.82。

（5）初裂强度和韧度指数

按照中国工程建设标准化协会标准CECS 13：2009《钢纤维混凝土试验方法》，制作混凝土试件在标准条件下养护，测其28d的韧度指数和初裂强度。试验所用试件为100mm × 100mm × 400mm非标准试件。

①试验设备。试验刚性组件安装示意情况见图4.8，挠度测量装置示意情况见图4.9。

图4.8　初裂强度及韧度指数试验刚性组件安装示意图

图4.9 挠度测量装置示意图

② 试验步骤。从养护地点取出试件，检查外观和测量尺寸；安放试件，并安装测量变形的传感器，如图4.9所示；对试件连续、均匀加荷。初裂前的加荷速度取 0.05 ~ 0.08MPa/s，初裂后取每分钟 1/3000MPa，使挠度增长速度相等。若试件在受拉面跨度三分点以外断裂，则该试件试验结果无效；采用千斤顶作刚性组件时，应使活塞顶升至稍高出力传感器顶面，然后开动试验机，使千斤顶刚度达到稳定状态，随即对试件连续均匀加荷。初裂后减小加荷速度，使试件处于"准等应变"状态：

$$\frac{V_{\Delta W \max}}{V_m} \leqslant 5 \tag{4.12}$$

式中：$V_{\Delta W \max}$——挠度增量最大时的相应速度，μm/s；

V_m——挠度由零到最大荷载挠度时段内相应速度的平均值，μm/s。

在加荷过程中记录挠度变化速度，绘出荷载挠度曲线。

③ 试验结果。钢纤维混凝土试件的韧度指数、承载能力变化系数、初裂强度的计算步骤如下：将直尺与荷载挠度曲线的线性部分重叠放置确定初裂点（图4.10中点 A）。A 点的纵坐标为初裂荷载 F_{cre}，横坐标为初裂挠度 WF_{cre}，面积 S_{OAB} 为初裂韧度；以 O 为原点，按3.0，5.5，15.5 或试验要求的初裂挠度的倍数，在横轴上确定 D、F 和 H 点或其他给定点 $（J）$，用求积仪测得 S_{OAB}、S_{OACD}、S_{OAEF} 和 S_{OAGH} 或其他给定变形的面积，即为初裂韧度和各给定挠度的韧度实测值（见图4.10）。

图4.10 初裂韧度和各给定挠度的韧度实测值

按照下列公式求得每个试件的韧度指数，精确至0.01。

$$\eta_{m5} = S_{OACD}/S_{OAB} \tag{4.13}$$

$$\eta_{m10} = S_{OAEF}/S_{OAB} \tag{4.14}$$

$$\eta_{m30} = S_{OAGH}/S_{OAB} \tag{4.15}$$

以4个试件计算值的算术平均值作为该组试件的韧度指数。

每组试件的承载能力变化系数按下式计算：

$$\xi_{m, n, m} = \frac{\eta_{m, n, m} - a}{a - 1} \tag{4.16}$$

式中：a——倍数，等于给定挠度/初裂挠度，标准规定 a 为 3.0、5.5、15.5，或按照试验要求给定；

　　$\eta_{m, n, m}$——与给定挠度对应的一组试件的平均弯曲韧度指数。

初裂强度按下式计算，精确至0.1MPa。

$$f_{cre} = \frac{F_{cre} \cdot l}{bh^2} \tag{4.17}$$

式中：f_{cre}——钢纤维混凝土的初裂强度，MPa；

　　F_{cre}——钢纤维混凝土的初裂荷载，N；

　　l——支座间距，m；

　　b——试件截面宽度，m；

　　h——试件截面高度，m。

以4个试件计算值的算术平均值作为该组试件的初裂强度。绘制钢纤维混凝土的应力-应变曲线（配合比编号为12-24-8），每一组配合比初裂强度及韧度指数试验各有4块试件，其应力-应变曲线见图4.11。初裂强度及韧度指数计算结果见表4.20。素混凝土及掺加两种钢纤维的荷载挠度曲线见图4.12。

图4.11　应力-应变曲线（配合比编号12-24-8）

表4.20　初裂强度及韧度指数计算结果

序号	参数名称	试样编号				代表值
		1	2	3	4	
1	A点初裂荷载F_{cre}/kN	11.068	11.130	12.469	10.686	
2	初裂挠度WF_{cre}/mm	0.0224	0.0246	0.0231	0.0184	
3	初裂韧度S_{OAB}	37.258	41.127	48.015	29.422	
4	最大荷载F_{max}/kN	14.756	16.032	15.469	16.301	
5	抗折强度$f_{c,m}$/MPa	4.43	4.81	4.64	4.89	4.65
6	抗折换算系数	0.82	0.82	0.82	0.82	

表4.20（续）

序号	参数名称	试样编号				代表值
		1	2	3	4	
7	抗折转换强度/MPa	3.633	3.944	3.805	4.010	3.816
8	$3WF_{cre}$/mm	0.0672	0.0740	0.0693	0.0552	
9	$5.5WF_{cre}$/mm	0.1232	0.1355	0.1271	0.1012	
10	$15.5WF_{cre}$/mm	0.3472	0.3819	0.3581	0.2852	
11	S_{OAB}	37.258	41.127	48.015	29.422	
12	S_{OACD}	236.152	263.317	267.924	184.363	
13	S_{OAEF}	475.913	555.780	537.702	406.766	
14	S_{OAGH}	1234.768	1431.946	1232.982	1041.592	
15	η_{m5}	6.34	6.40	5.58	6.27	6.15
16	η_{m10}	12.77	13.51	11.20	13.83	12.83
17	η_{m30}	33.14	34.82	25.68	35.40	32.26
18	ζ_{m3}	1.67	1.70	1.29	1.64	
19	ζ_{m5}	1.62	1.78	1.27	1.85	
20	ζ_{m10}	1.22	1.33	0.70	1.37	
21	$\alpha(3)$	3	3	3	3	
22	$\alpha(5.5)$	5.5	5.5	5.5	5.5	
23	$\alpha(15.5)$	15.5	15.5	15.5	15.5	
24	f_{cre}/MPa	3.3	3.3	3.7	3.2	3.38
25	b/mm	100	100	100	100	
26	h/mm	100	100	100	100	
27	l/mm	300	300	300	300	

图4.12 素混凝土及掺加两种钢纤维的荷载挠度曲线

④ 结果分析。由图4.12可以看出：掺有钢纤维的混凝土初裂强度比素混凝土大，有一定提高；钢纤维的加入对于混凝土韧性的增强效果十分显著，未加钢纤维的混凝土刚达到破坏荷载时其荷载–挠度曲线便急速下降，而加入钢纤维以后荷载–挠度曲线即使当混凝土已开裂、挠度非常大的情况下仍很平缓；超细型钢纤维的增韧作用要优于螺纹型钢纤维。从图中可以看出，在钢纤维体积率为0.5%的情况下，掺加超细型钢纤维的混凝土的初裂荷载及极限破坏荷载都要大于掺加螺纹型钢纤维的混凝土，且当混凝土开裂后，其荷载挠度曲线一直在螺纹型钢纤维之上。

在本试验中，观察最终破坏时的断面，可以看到只有少量钢纤维被拉断，大部分钢纤维被拔出。当荷载从零增加到初裂值以前，荷载和变形为直线关系，此时混凝土变形较小，纤维与混凝土共同作用承受荷载，由于钢纤维的加入，初裂强度有所提高；初裂后，基体通过界面黏结力，将荷载传递给钢纤维，纤维开始参与承受荷载，由于钢纤维的抗拉强度及弹性模量远大于基体混凝土，因而约束了裂缝的开展；当荷载继续增加时，混凝土变形加大，裂缝开始延伸，此时，基体已经几乎丧失了承受荷载的能力，只有依靠穿过裂缝的钢纤维继续承受荷载，当荷载到达极限时，纤维被拔出或者断裂，试件最终破坏，曲线呈现明显的塑性特征。试验中没有掺加纤维的试件破坏后很快断为两部分，而加了纤维的试件即使当挠度非常大，裂缝已经贯穿整个试件的时候，混凝土梁依然没有完全断开。试件上裂缝的开张符合预计的推想，在试件中间弯矩最大的截面出现，裂缝形状近似为一个平面，将混凝土试件从中间分为两断。

4.2.2 钢纤维体积率对混凝土性能影响分析

通过试验结果可以看出：

（1）抗压强度

两种钢纤维，随着钢纤维体积率增加，抗压强度呈逐渐降低的趋势（见图4.13）。素混凝土（$\rho_f = 0\%$）即不掺加钢纤维的基体混凝土强度最高，两种钢纤维均为42.4MPa，当钢纤维体积率为0.5%时，抗压强度为较大值，其值为螺纹型37.4MPa，为基体强度的88.2%；超细型40.8MPa，为基体强度的96.2%。当钢纤维体积率为2.0%时，两种钢纤维的抗压强度均达到较小值，其中螺纹型为30.1MPa，为基体强度的71.0%；而超细型为31.9MPa，为基体强度的75.2%。由此可见掺加钢纤维不但不会增强混凝土的抗压强度，反而会使混凝土的抗压强度降低。若要提高钢纤维混凝土的抗压强度，则需要提高基体混凝土的强度。从图4.13可以看出，掺加超细型钢纤维的混凝土抗压强度要略大于掺加螺纹型钢纤维的混凝土抗压强度，可以看出，超细型钢纤维对混凝土抗压强度削弱作用要略低于螺纹型钢纤维。

图4.13 抗压强度随钢纤维体积率变化曲线

在做混凝土抗压强度的试验过程中发现，随着钢纤维体积率的增加，混凝土试块破碎现象越发不明显，在钢纤维体积率为2.0%时，在试验机加荷的过程中，当试件破坏时，从试件的外观来看，看不出这个试件已经破坏。而素混凝土试件破坏时，试件破坏较为明显。从素混凝土的破坏面来看，试件破坏面较为光滑，与水平约成60°～70°角，而掺钢纤维混凝土试件的破坏面与加载方向近似平行，其破坏面相对粗糙。由此可见，钢纤维的加入，使混凝土基体抗剪切破坏能力显著增强。

（2）抗折强度

两种钢纤维，当体积率增加时，抗折强度平缓均匀地提高（见图4.14）。当钢纤维体积率达到1.50%时，两种钢纤维混凝土的抗折强度均出现峰值，即螺纹型钢纤维混凝土为4.62MPa，超细型钢纤维混凝土为5.05MPa，之后又缓慢降低，最低值出现在钢纤维体积率为0.25%时，其值为螺纹型钢纤维混凝土为3.94MPa，超细型钢纤维混凝土为4.19MPa。从图4.14可以看出，掺加超细型钢纤维的混凝土抗折强度要略大于掺加螺纹型钢纤维的混凝土抗折强度。

图4.14　抗折强度随钢纤维体积率变化曲线

（3）劈裂抗拉强度

两种钢纤维，当体积率增加时，劈裂抗拉强度先后出现两个峰值。其中最大值均出现在钢纤维体积率为1.75%时，而另一个较大值分别出现在0.50%（螺纹型）和0.25%（超细型）时，见图4.15。

图4.15　劈拉强度随钢纤维体积率变化曲线

在劈裂抗拉强度试验中，在素混凝土（$\rho_f = 0\%$）破坏的瞬间，可以听到明显的响声，而在掺有钢纤维的混凝土试块破坏的瞬间，其响声随着钢纤维掺量的增加而逐渐减小，例如，$\rho_f = 2.0\%$ 的钢纤维混凝土试块劈裂的瞬间，几乎没有响声。由此可见，普通混凝土的劈裂拉伸破坏在达到峰值载荷的时候突然产生，在加入钢纤维之后，劈裂破坏趋于平稳，在试验过程中可以观察到裂纹的产生与扩展。因此，钢纤维的加入能够避免混凝土无征兆地突然脆性破坏，并且能够提高混凝土的劈裂抗拉强度。

4.3 碳纤维布抗裂性能试验

1972年美国杜邦公司生产出强度达3000MPa的Aramid（阿拉米德）碳纤维。CFRP材料首先应用于航天工业，但直到80年代初才在土建工程中开始进行应用研究。90年代在国际上对碳纤维材料怎样应用于土建工程中进行了广泛和系统的研究，尤其在桥梁、隧道和房建加固工程中首先得到了广泛应用。1999年后，由于欧洲统一规范要求桥梁承载能力提高到40t级货车标准，故欧洲的大批旧桥均需进行加固。在美国和加拿大，苦于盐害严重，约有60万座桥梁受到不同程度的损坏，如果要全部新建，约需耗资3万亿美元，故北美国家对CFRP材料逐渐产生了浓厚的兴趣，美国混凝土协会（ACI）成立了专门的委员会（ACI440），美国各研究机构普遍展开了对CFRP的研究。我国1997年开始了CFRP材料加固维修补强土木结构方面研究，CFRP材料在国民经济建设中发挥出巨大作用。

4.3.1 碳纤维布及配套黏结材料

（1）碳纤维布

碳纤维布是由碳纤维丝经编织而制成的柔软片材。碳纤维布在编织时，将大量的碳纤维长丝沿一个主方向均匀平铺，用极少的非主方向碳纤维丝将主方向碳纤维丝编织连接在一起，形成很薄的以主纤维方向受力的碳纤维布。

碳纤维布按照宽度分为300，400，500mm等规格，按照单位面积质量分为200，300，450g/m² 等规格，典型规格碳纤维布单位宽度的截面面积和计算厚度见表4.21。

表4.21 典型规格碳纤维布单位宽度的截面面积和计算厚度

碳纤维布单位面积质量 / ($g·m^{-2}$)	密度 / ($g·m^{-3}$)	单位宽度的截面面积 / ($mm^2·m^{-1}$)	计算厚度 /mm
200		111	0.111
300	$1.8×10^6$	167	0.167
450		250	0.250

按照力学性能分为Ⅰ、Ⅱ、Ⅲ级，各级碳纤维布的力学性能见表4.22。

表4.22 碳纤维布力学性能

项目	拉伸强度/MPa	拉伸弹性模量/GPa	伸长率/%
Ⅰ级	≥3500	≥230	≥1.5
Ⅱ级	≥3000	≥210	≥1.4
Ⅲ级	≥2500	≥210	≥1.3

（2）黏结材料

黏结材料是将碳纤维布与混凝土表面黏合在一起的系列黏结材料。它主要包括三类材料：底层涂料、找平材料和浸渍树脂。

① 底层涂料。在处理好的混凝土表面上，涂一层很薄的底层涂料，既可以浸入混凝土表面，强化混凝土表面强度，又可以改进黏结性能。因此要求底层涂料必须具有很低的黏度，便于涂刷在混凝土表面后，能渗入混凝土结构中，与混凝土有良好的黏结性能。

② 找平材料。碳纤维布只有与所加固补强的混凝土表面紧密接触，才能产生良好的补强效果。但混凝土表面的锐利突起物、错位和转角部位等都可能使碳纤维布产生损伤，并引起强度降低。混凝土表面小的模板错位及混凝土气孔很难通过基底处理一道工序彻底清理。因此，在涂敷的底层涂料指触干燥后，必须用找平材料进行找平处理，同时将矩形断面直角打磨成圆弧状。找平材料应具有优良的力学性能、施工性能与触变性能。在施工过程中，找平材料应易于操作，且不随时间的延长出现明显的变形，无滴挂。

③ 浸渍树脂。浸渍树脂一般采用碳纤维布产品厂家指定的配套浸渍树脂，若未指定，推荐使用改性环氧树脂。浸渍树脂在黏结材料中起着至关重要的作用。它的黏度应控制在一定范围内，有利于浸渍树脂顺利地将碳纤维布黏附于混凝土表面，经过碾压，使浸渍树脂很容易浸透碳纤维布，形成一个复合性整

体，共同抵抗外力的作用。浸渍树脂应具有良好的渗透性以利于浸透碳纤维布，还应具有一定的初黏力，防止粘贴的碳纤维布塌落而形成空洞或空隙，具有良好的触变性，易于施工且不会发生明显的滴淌现象。另外，浸渍树脂与碳纤维布的相容性和黏结力必须极好，才能保证碳纤维布和混凝土形成预定的复合材料。黏结材料的性能是保证碳纤维布与混凝土共同工作的关键，也是两者之间传力途径中的薄弱环节。因此，黏结材料应有足够的刚度与强度保证碳纤维布与混凝土间力的传递，同时应有足够的韧性，不会因混凝土开裂导致脆性粘贴破坏。

4.3.2 碳纤维布试验方案

（1）材料

通过调查研究，选择市场信誉较好、用量较大、符合水利工程修补处理要求的产品进行物理力学及示范应用试验。拟选2个厂家的产品，分别是：

①上海妙翰建筑科技有限公司生产的MH-碳纤维布及MH-碳纤维浸渍胶产品。MH-碳纤维布的规格选用CFF-Ⅰ-200-600-GB/T 21490—2008，即单位面积质量为200g/m²，宽度为600mm，按照GB/T 21490—2008《结构加固修复用碳纤维片材》标准生产的Ⅰ级碳纤维布。产品货号为MH-碳纤维布200-Ⅰ，幅宽600mm。MH-碳纤维浸渍胶系A，B双组份改性环氧类胶黏剂，由MH-底胶、MH-修补胶、MH-浸渍胶组成，是MH-碳纤维布加固的配套专用胶，三种胶分别用于加固施工的底层涂刷、找平涂刷和浸渍涂刷工序中。

②广州固特嘉建筑工程有限公司生产的迪普邦单向碳纤维布及迪普邦碳纤维浸渍胶产品。迪普邦单向碳纤维布的规格选用CFF-Ⅰ-200-600-GB/T 21490—2008，即单位面积质量为200g/m²，宽度为600mm，按照GB/T 21490—2008《结构加固修复用碳纤维片材》标准生产的Ⅰ级碳纤维布。产品货号为DEEP201，幅宽600mm。迪普邦碳纤维浸渍胶系A，B双组份改性环氧类胶黏剂，由DEEP700环氧粘贴界面胶、DEEP500环氧砂浆修补胶、DEEP200碳纤维浸渍树脂胶组成，是迪普邦单向碳纤维布加固的配套专用胶，三种胶分别用于加固施工的底层涂刷、找平涂刷和浸渍涂刷工序中。

（2）试验依据

CECS 146：2003《碳纤维片材加固修复混凝土结构技术规程》，GB/T 21490—2008《结构加固修复用碳纤维片材》，GB 50728—2011《工程结构加固材料安全鉴定技术规范》，GB 50608—2010《纤维增强复合材料建设工程应用技术规范》。

（3）试验项目

① 碳纤维布试验项目：外观质量、尺寸偏差、单位面积质量、拉伸强度、拉伸弹性模量、伸长率。

② 碳纤维浸渍胶试验项目。底胶、修补胶：黏结强度；浸渍胶：拉伸剪切强度、拉伸强度、压缩强度、弯曲强度、黏结强度、弹性模量、伸长率。

③ 碳纤维布示范应用试验项目：黏结强度。主要试验仪器设备见表4.23。

表4.23　主要试验仪器设备

序号	仪器名称	型号	精度	单位	数量	受控状态
1	电子天平	MD200-3	0.001g	台	1	受控
2	电子游标卡尺		0.001mm	套	1	受控
3	静态电阻应变仪	YJ-5	1με	台	1	受控
4	直剪试验仪	R-16	0.1MPa	台	1	受控
5	微机控制电子万能试验机	UIM5504	0.5级	台	1	受控
6	材料试验机	ZWAW-1000	0.1kN	台	1	受控
7	鼓风干燥箱	DHG-9003BS-III	±0.1℃	台	1	受控
8	黏结强度检测仪	JM-115	0.001kN	台	1	受控

（4）试验结果

取上述两个生产单位的200g/m²、Ⅰ级、幅宽600mm的碳纤维布及配套的黏结胶产品，按照规程中试验方法进行各项参数试验。黏结试验和示范应用试验的基础混凝土强度等级为C40，混凝土抗拉强度大于或等于4MPa。试验结果表明，2家公司的碳纤维布及配套胶产品质量均符合国家相关标准要求，示范应用试验中各产品施工顺利，质量符合工程设计要求。

4.3.3　碳纤维布试验结果分析

① 试验产品选自上海妙翰建筑科技有限公司生产的MH-碳纤维布和MH-碳纤维浸渍胶产品，广州固特嘉建筑工程有限公司生产的迪普邦单向碳纤维布及迪普邦碳纤维浸渍胶产品。

② 碳纤维布的规格为 CFF-Ⅰ-200-600-GB/T 21490—2008，即单位面积质量为 200g/m²，宽度为 600mm，按照 GB/T 21490—2008《结构加固修复用碳纤维片材》标准生产的Ⅰ级碳纤维布。

③ 碳纤维浸渍胶系 A，B 双组份改性环氧类胶黏剂，由底胶、修补胶、浸渍胶组成，是对应碳纤维布加固的配套专用胶，三种胶分别用于加固施工的底层涂刷、找平涂刷和浸渍涂刷工序中。

④ 试验结果表明，2 家公司的碳纤维布及配套胶产品质量均符合国家相关标准要求，示范应用试验中各产品施工顺利，质量符合工程设计要求。

4.4　研究结论

本章主要进行了钢纤维混凝土和碳纤维布抗裂性能试验及分析。主要研究结果如下：

① 以某工程配合比及其各项原材料为基础，引进两种钢纤维（螺纹型和超细型），配制新型钢纤维混凝土，用于混凝土修补加固的新型材料。试验研究优选出具有适宜的抗压性能、抗拉性能、抗冻性能和抗渗性能、经济合理的钢纤维混凝土系列配合比及其性能参数，为工程修补加固材料选取提供试验依据，同时为混凝土加固材料抗裂性计算分析提供基础参数。

② 试验研究结果表明，掺加钢纤维主要影响混凝土的抗压、抗折及劈拉强度，尤其对抗折强度影响较大。

③ 掺加钢纤维与基础混凝土性能对比，掺加钢纤维能降低混凝土的抗压强度，提高混凝土的劈拉及抗折强度，抗冻性能及抗渗性能基本不变化；掺超细型钢纤维的混凝土力学性能优于掺螺纹型钢纤维的混凝土力学性能。综合分析试验研究结果，两种钢纤维的最优体积率均为 0.50%。

④ 以某工程加固需求为基础，调查研究碳纤维布系列产品性能及市场信誉，选取 2 家公司的碳纤维布（单位面积质量为 200g/m²，宽度为 600mm，Ⅰ级）及其配套用胶产品，进行产品性能试验及示范应用试验，产品质量符合国家标准要求，示范试验检验了产品施工工艺效果良好，质量达到工程设计要求。

钢筋混凝土闸墩 断裂力学特性数值分析

5

有限单元法（finite element method，FEM）的基本思想是把连续体分成一系列的离散化单元，这些单元是由有限数目的节点相连求出精确解。利用 ANSYS 软件对工程实例裂缝问题进行计算分析，采用组合式有限元计算模型对闸墩进行有限元模型计算分析。本章依据钢筋混凝土闸墩断裂阻裂数值分析重点，在钢筋混凝土闸墩断裂阻裂有限元基本理论、闸墩检测诊断和闸墩有限元模型建立的基础上，展开闸墩组合模型数值模拟分析和闸墩裂缝成因演化分析。

5.1 钢筋混凝土闸墩断裂阻裂有限元基本理论

5.1.1 钢筋混凝土有限元模型

通常钢筋混凝土结构的有限元模型主要有三种方式：分离式、组合式和整体式。而利用 ANSYS 分析时，主要有分离式和整体式两种。

分离式模型把钢筋和混凝土作为不同的单元来处理，即混凝土采用 8 节点三维非线性实体单元 SOLID65，钢筋采用 LINKS 单元或 PIPE20 管单元。整体式模型也称分布式模型或弥散钢筋模型，即使钢筋连续均匀分布于整个单元中，它综合了混凝土与钢筋对刚度的贡献，其单元仅为 SOLID65，通过参数设定钢筋分布情况。通常混凝土裂缝的处理方式有离散式模型、分布式模型和断裂力学模型。对分离式模型和整体式有限元模型，ANSYS 均采用分布（弥散）裂缝模型的处理方式。

分离式模型的优点是可考虑钢筋和混凝土之间的黏结和滑移，整体式模型则无法考虑黏结和滑移，认为混凝土和钢筋之间黏结很好，是刚性连接。就建模和计算而言，分离式模型建模复杂，尤其是钢筋较多且布置复杂时，且计算不易收敛，但其结果更加符合实际；而整体式模型建模简单，计算易于收敛，但其结果较分离式模型粗略。对于实际钢筋混凝土结构，由于结构构件多且钢筋布置复杂，宜采用整体式模型进行分析，其结果也足够精确；对于单个构件，如简支梁或柱且要考虑其他因素影响时，可采用分离式模型进行分析，以便于实验或与实验结果进行对比分析，从而获得参数分析结果。

5.1.2 数值分析闸墩的优势

一般来说，力学分析可采用试验方法，通过制作大量模型，得出众多数据再分析研究。该方法对模型制作的精度要求颇高，试验环境与实际工程环境往往存在差距，计算结果准确度不可确信，并且需要大量人力物力。

有限元分析可以较好地克服试验方法的缺点。它可以通过计算机进行数值模拟，通过现场采集数据即可对结构设定准确的力学与物理参数，易于对影响结构基本性能的重要参数做系统的分析研究，并节省了大量的人力物力，这都是传统的试验方法所不能比拟的。近年来大量工程经验证明，有限元法分析实际工程问题的准确性很高。

5.1.3 ANSYS 单元生死技术

ANSYS 提供单元生死功能，用于模拟材料［（即通过选定部分单元）的添加和删除，模拟实际工程中的开挖、结构安装和拆除（如建筑物施工工程、桥梁安装过程等）］、浇注、焊接等工程问题。当死单元被重新激活时，其刚度、质量、单元载荷等都将恢复其原始真实取值。再生的单元应变（或热量等）为零，如果存在初应变，则可以通过单元实常数方式输入，并不受单元生死的影响。

⇐ 5.2 闸墩有限元模型

钢筋混凝土有限元计算模型通常有整体式模型、分离式模型和组合式模型三种。

整体式模型：也称分布式模型或弥散钢筋模型，即使钢筋连续均匀分布于整个单元中，综合了混凝土与钢筋对刚度的贡献，通过参数设定钢筋分布情况。当分析区域较大受计算机软件和硬件的限制，无法将钢筋和混凝土分别划分单元，同时人们所关心的计算结果是结构在外载荷作用下的宏观反应（如结构的总体位移和应力分布情况等），这种情况下采用整体式模型比较合适。分离式模型：与整体式模型相反，将混凝土和钢筋各自划分为足够小的单元，按照混凝土和钢筋不同的力学性能，选择多种不同单元形式，这就是分离式模型。组合式模型：组合式模型介于整体式和分离式模型之间。组合式模型假定钢筋和混凝土两者之间的相互黏结很好，不会有相对滑移。于是在单元分析时，可分别求得混凝土和钢筋对单元刚度矩阵的贡献，组成一个复合的单元刚度矩阵。最常用的组合式模型有两种方式。第一种为分层组合式：对于受弯构件，该方法是将构件沿纵向分成若干单元，每个单元在横截面上分成许多混凝土条带，并假定每一条带上的应力是均匀分布的。在条带划分中，为了考虑破坏阶段压区高度较小的情况，需要增加条带数才能达到一定的精度，该组合方式在杆件系统中应用较广。第二种为混凝土和钢筋复合单元，在建立单元刚度矩阵时，不但需要考虑混凝土材料的作用，而且要考虑钢筋的刚度贡献。采用组合式模型对闸墩受力情况进行计算，并分析闸墩裂缝主要成因。

5.2.1 闸墩力学模型

（1）闸墩力学模型

某水库14个泄洪闸之中，以10号闸门处宽墩裂缝最为严重，有3道明显竖向裂缝，其中1条贯穿至墩顶。本书针对10号闸宽墩实际情况，建立力学模型。

10号闸宽墩长32.3m，宽9m，高21.55m，墩前为迎水面，从前部半圆形平稳过渡至直线并延伸至尾部流线型，墩底与大坝基础相接。泄洪闸底部设有曲线溢洪坡，用以搁置钢闸门。墩顶至下9.35m处左右各设有一支撑牛腿，安装转动铰支座，用来支持泄洪闸门开启与闭合过程中对墩体的作用。闸墩前部上方铺有现浇钢筋混凝土板，用以大坝坝顶通车；侧方与两边窄墩连接6.7m×1m混凝土梁，用以大坝坝体加固。墩顶（牛腿上方偏前）设有水利发电机房，并与两边窄墩顶部发电设备房间连接（见图5.1）。

（a）俯视图

（b）剖视图

图5.1 闸墩俯视图及1—1剖面图（单位：mm）

宽墩中由墩顶至墩底共设有3道检修井。第一道检修井靠近坝顶路面，截面为5.5m×2.5m；第二道检修井位于闸墩中部，截面为7m×5.1m，由顶至下11m处截面缩小为5.5m×2.5m；第三道检修井位于水力发电室内，截面为2.5m×1m，至墩顶下11m处向墩前折弯2m，并延伸至墩底（见图5.2）。

（a）闸墩剖面

（b）边界条件

图5.2 闸墩剖面与边界条件

（2）闸墩模型简化

采用ANSYS建模分析实际工程，通常需要对分析对象进行简化处理。

本书主要分析闸墩侧面的竖向裂缝成因，因此，为方便计算和分析，建模过程中将闸墩顶部现浇混凝土盖板、水力发电机房等结构部分删除，不作为分析结构的一部分，仅简化其为作用在闸墩上的荷载。底部溢洪道虽然与闸墩相连，但是对闸墩竖向应力产生的影响不大，所以并不列入分析。

闸墩尾部呈流线型，现将其简化为直线型，由于重点分析的是闸墩中部产生竖向裂缝成因，其尾部造型对分析影响不大，所以进行了该简化。同时，闸墩侧方牛腿处存在微小尖角附属结构，其厚度与闸墩宽度相比可以忽略不计，且为降低闸墩牛腿结构附近尖角部位引起的应力集中效应带来的计算复杂程度，将此处简化，取最薄处进行分析。钢闸门的开启与闭合都是通过牛腿处的铰支座间接传递应力至墩体，因此，钢闸门不必放入模型中分析，只需要将钢闸门引起的荷载效应一同施加到铰支座处即可。

此外，本书对闸墩混凝土结构重点采用线性分析。混凝土虽为非线性材料，根据《混凝土结构设计规范》（GB 50010—2002）所建立的混凝土应力-应变关系曲线如图5.3所示，C30应力达到20MPa附近才发生屈服。而某水库闸墩裂缝主要由拉应力引起，闸墩混凝土结构所受压应力远小于混凝土抗压强度，所以对闸墩混凝土结构模拟为线性材料分析，主要查看混凝土所受的拉应力，再将计算数据与混凝土抗拉强度相比较，最终得出闸墩混凝土开裂的主要原因。

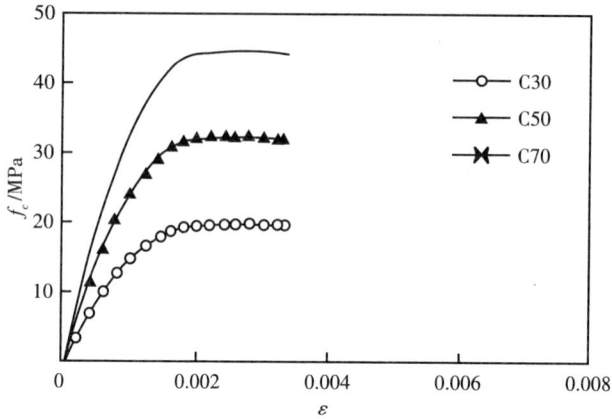

图5.3 混凝土应力–应变曲线

5.2.2 闸墩计算参数及边界条件

（1）闸墩计算参数选取

闸墩模型采用组合式模型，混凝土采用SOLID65三维实体单元模拟（考虑温度荷载时使用SOLID70热单元），钢筋采用LINK8单元模拟。两种材料的计算用力学参数见表5.1。

表5.1 计算参数

材料	计算容重 / (kN·m⁻³)	抗压强度 /MPa	抗拉强度 /MPa	弹性模量 /MPa	泊松比μ	导热系数 / (W/m·h·℃)
闸墩混凝土	25.0	31.6	2.95	$2.6×10^4$	0.22	5.0
钢筋	78.5	—	423	$2.1×10^5$	0.26	34.0
CFRP	18.0	—	3500	$2.3×10^5$	0.35	1.7

注：表中导热系数和碳纤维布的泊松比引自相关书籍，其余数据引自本书表3.3、表3.12、表4.21和表4.22。

（2）边界条件

闸墩前部为迎水面，在与水接触的圆柱面上添加梯度水压力，数值由水面处以柱面坐标逐渐递增至墩底，该数值需由水库资料查得历年水位幅值，取正常运行水位。(见图5.4)。

图5.4 闸墩静水压力

闸墩底部架设在大坝上,与坝底基础相连,经现场监测数据显示,闸墩无竖向沉降,且墩底两侧皆有溢流坝泄洪坡,限制了闸墩的侧移,所以对底面施加固定端约束。闸墩顶部前端为坝顶路面,实为现浇混凝土盖板,可去掉该混凝土盖板,并与设计荷载一同简化为均布荷载加至闸墩顶部;同理,水力发电机房也简化为均布荷载施加在墩顶。闸墩中部检修井内部存在积水,对检修井内壁混凝土形成梯度压应力情况。所以,在模型中,对检修井内壁添加梯度水压力。闸墩两侧牛腿处安装固定铰支座,与钢闸门通过工字钢臂连接,前部作用于闸门上的净水压力也通过闸门及钢臂传递至铰支座处,故牛腿处施加的荷载为可变荷载,随水位高低、闸门开启与闭合而变化。

5.2.3 闸墩组合模型

(1)建模基础

组合模型的优点是可考虑钢筋和混凝土之间的黏结和滑移,整体式模型则无法考虑黏结和滑移,认为混凝土和钢筋之间黏结很好,是刚性连接。

组合式模型中钢筋采用LINK8单元模拟,该单元可以用来模拟桁架、吊索、链、弹簧等。这种三维杆单元在每个节点具有三个自由度,在X,Y,Z方向上转动,并且是单轴受压的。在结构的连接点不考虑单元的弯曲。在应用中主要输入单元号,横截面和初应力等常数。ANSYS除使用配筋率方式模拟钢筋混凝土之外,同样可以很好地模拟两种不同单元之间的黏结、耦合等效应。例如,采用SOLID65和LINK8两种单元建立的组合模型能够充分体现钢筋与混凝土之间的黏结力,见图5.5。

（a）LINK8单元

（b）SOLID65单元

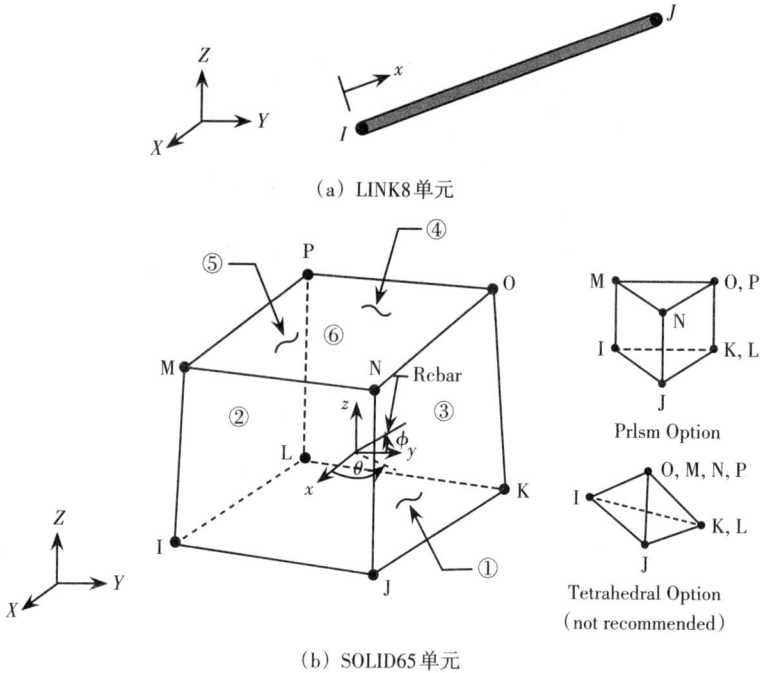

图 5.5　LINK8 单元和 SOLID65 单元

（2）闸墩组合模型

闸墩有限元模型采用笛卡儿三维直角坐标系建模，设定闸墩竖向为 Z 方向，底面为 XOY 平面，向上为正方向；闸墩纵向，即墩尾至墩前方向为 Y 轴正方向；闸墩横向为 X 方向。闸墩纵向长 32.3m，高 21.55m，宽 9m，纵向前部为底面半径 4.5m 半圆柱，墩间三道检修井孔洞依实际尺寸建立。由于重点分析裂缝产生部位混凝土的受拉状态，组合模型中添加的钢筋单元不需要在整个闸墩结构中呈现。所以，闸墩组合模型仅在裂缝处结构添加钢筋，而其他部位同样按照整体式模型添加混凝土配筋率的方法实现建模。实际闸墩中该处纵向钢筋使用的是 Φ19 钢筋，双排布置，间距 25cm。

在建模时，首先创建钢筋（见图 5.6），然后再创建混凝土的三维体结构。该过程与闸墩整体式模型建模基本一致，不同之处在于创建完闸墩整体模型之后，利用 ANSYS 的布尔操作，切出混凝土保护层。最终，闸墩组合模型共划分成 39 个体，如图 5.7 所示。

（3）网格划分

与整体式模型不同的是，组合模型裂缝处为重点分析部位，裂缝是单独创建的体，另外，为了更好地体现现场实际的钢筋与混凝土之间关系，混凝土保

图5.6 闸墩裂缝处钢筋

图5.7 闸墩组合模型

护层也是被划分出的体。由于闸墩裂缝最宽处也只为1cm左右，与闸墩的长、宽、高比起来差距太大，所以体的大小也相差甚多，此处大大增加了网格划分的难度。而且，为了实现钢筋与混凝土共同作用的特性，必须保证钢筋单元与混凝土单元拥有共同的节点。

划分钢筋单元时，首先选出钢筋直线，对其基本部分控制为0.1m，对裂缝处控制为0.01m，打开ANSYS中的"PlotCtrls\Style\Size and Shape"，选择"Display of element"选项为"On"，可查看钢筋单元如图5.8所示。

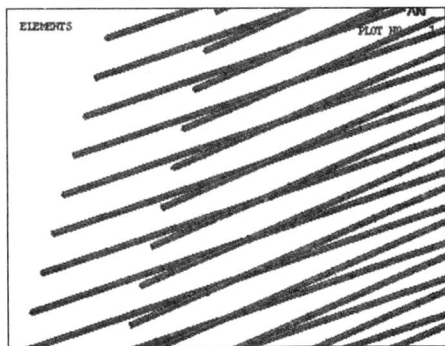

图5.8 钢筋单元

划分闸墩混凝土单元网格，首先是对钢筋处的混凝土保护层以及该处的混凝土采用映射的方式划分，由于钢筋单元的尺寸已经设定，所以该处混凝土单元尺寸不必再次设定，ANSYS会自动默认为钢筋单元的尺寸对混凝土进行网格划分。

在划分完钢筋单元的基础上对闸墩混凝土结构进行网格划分。墩前和墩尾部位由于与裂缝位置相离较远，所以控制2m划分网格，也正因为如此，使其与裂缝处网格尺寸相差太大，过渡比较难以继续采用映射的方式实现，所以采用自由网格划分其余部分。最终划分完的闸墩组合模型共计113617个单元，61513个节点，见图5.9。

图5.9　闸墩组合模型有限元网格

5.2.4　闸墩荷载类型

根据资料显示，当坝体受温升荷载作用时，产生向上游的水平变形，此时坝体迎水面受静水压力向下游作用；当坝体受温降荷载作用时，产生向下游的水平变形，而坝体受水压力作用也向下游变形，所以冬季温降荷载对坝体最为不利，考虑温度荷载时只考虑冬季温降作用。坝址和库区经鉴定为Ⅵ度地震区，计算荷载中不考虑地震作用。此外，在分析闸墩开裂的原因时，主要关注的是闸墩裂缝位置及其周围混凝土强度，可以忽略大坝基底扬压力和淤沙压力的影响。

根据以上分析，闸墩计算时主要考虑上游静水荷载、闸墩上部荷载、闸门推力荷载、温降荷载。

（1）闸墩上游静水荷载

某水库运行水位变化不大，设计洪水位与正常运行水位基本相同，为97.35m，所以计算上游静水压力时，水库水位均取为正常运行水位97.35m。从分析裂缝成因的角度出发，只有作用在钢闸门上的静水荷载才能通过钢臂施加在牛腿铰支座处。闸门开启与闭合时所受水压力作用面不同，闸门钢臂与水平面成角也不同，因此作用于铰支座处的静水荷载必然不同。图5.10给出闸门开启与闭合情况下静水荷载作用在钢闸门上的区别。

(a) 闸门开启

(b) 闸门闭合

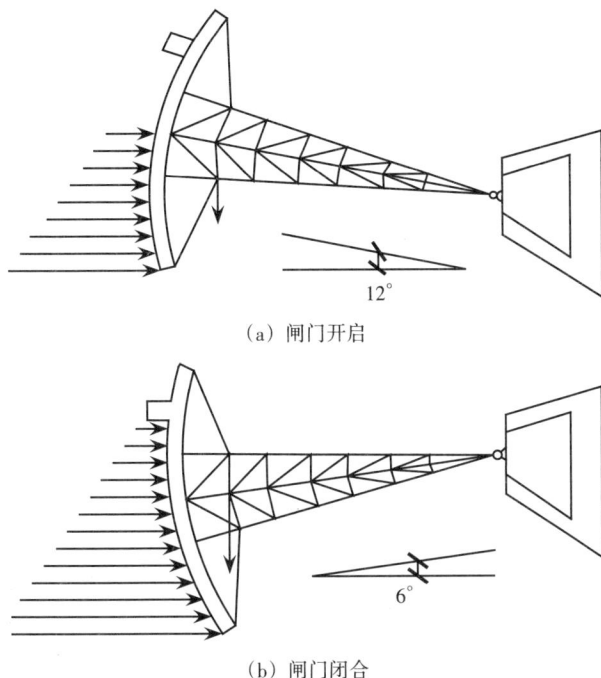

图5.10　闸门开启与闭合时静水荷载

闸门开启时，钢臂中轴线与水平面成12°角，作用在闸门上的静水荷载计算水位区间为−2.6～−9.75m；闸门闭合时，钢臂中轴线与水平面成−6°角，作用在闸门上的静水荷载计算水位区间为−2.6～−12.75m。泄洪闸闸口净距为12m×10.15m，计算采用数据时，将静水荷载由钢臂传递至牛腿铰支座处施加，所以荷载都以应力形式计算。经折算，闸门闭合时作用于铰支座处的应力为2.54MPa。

（2）闸墩上部荷载

某水库坝顶设有可通车路面和水力发电机房，本书采用的方法是：将闸墩上部荷载包括坝顶路面荷载及水力发电室荷载，分别按照设计荷载取为均布荷载3.5MPa和4.0MPa。

（3）闸门推力荷载

某水库泄洪闸闸孔宽12m，高10.15m，此处设有弧形钢闸门，并通过大型工字钢支臂与闸墩牛腿处铰支座相接。其中钢闸门主要由一个挡水板、两条三肢工字钢钢臂和若干短肢连接钢臂组成，参考现场资料，计算钢闸门质量为172.6t，重心位于闸门闭合时与下方溢流堰面接触处正上方。当闸门闭合时，由于溢流堰承担了绝大部分闸门的重力荷载，所以牛腿处所受应力主要来自作用在闸门上的静水荷载，即6.21MPa。当闸门开启时，溢流堰不再承担闸门重力，钢闸门重力完全通过钢臂传递至牛腿铰支座处，此时，作用在钢闸门上的静水荷载也由于闸门的开启产生变化。因此，牛腿处承担闸门荷载与静水荷载两种荷载效应，闸门荷载在牛腿处的荷载计算公式为：

$$\sigma_z = \frac{F + G\sin\theta\cos\theta}{A_N} \tag{5.1}$$

式中：σ_z——作用在牛腿处的闸门荷载纵向分量，MPa；

F——静水压力在闸门处的代数积分，kN；

G——闸门自重，kN；

θ——闸门轴线与水平方向夹角，(°)；

A_N——牛腿处铰支座支撑面积，m^2。

由于闸门开启角度小于45°，所以，当闸门开启到最大位置时，牛腿处承担最大压应力，该值为10.91MPa。

（4）温度荷载

水工结构物在长期运行过程中，受到一年四季周期变化的水温、气温、水位的影响，产生温度应力。当施工期的初始影响完全消失以后，建筑物内的温度与初始条件无关，只与边界上的气温和水温有关。实际温度场可以分解为稳定温度场和准稳定温度场，对于准稳定温度场可以根据温度场的瞬态理论进行计算。本书主要采用温度场的瞬态理论进行分析。设定计算荷载步为一步，考虑一天中闸墩结构由最高温度变化至最低温度这一过程，分析闸墩自身温度变化引起的应力效应。由于大坝建于1973年，当时浇注温度已经失去了作为初始温度进行分析的意义，闸墩表面温度与周围空气温度的对流影响也基本可以忽略，在计算中可以参照当地当时气温作为初始温度。

某水库地处东北，一年四季温差变化比较大，经现场调查，1月份多年月平均温度最低，对大坝的应力强度影响相对其他月份突出，所以，计算中采用1月份温度场作为分析依据，由此计算闸墩在温度影响下的应力状态。闸墩前部水面以下温度变化与外界空气中温度变化有所不同，计算水下温度可采用以下经验公式

$$T(y, t) = T_m(y) + A(y) \cdot \cos\omega(t - t_0 - \varepsilon) \tag{5.2}$$

式中：y——高程，m；

t——时间，h；

$T(y, t)$——水温，℃；

$T_m(y)$——高程y处的年平均水温，℃；

$A(y)$——水温y处的年变幅值，℃；

ω——温度变化频率，%；

ε——气温与水温变化的相位差，(°)。

5.3　闸墩组合模型数值模拟分析

闸墩组合模型，主要是在检修井处裂缝位置添加了Y方向的钢筋单元，即不再使用 ANSYS 中的配筋率效果进行分析，而是钢筋以单元形式参与受力；而闸墩其他部位，不需要确定钢筋的位置，可以假设钢筋的均匀分布，同样采用混凝土添加配筋率方法即整体式模型。这种组合模型能够在重点分析的裂缝附近确定钢筋的位置，正确反映出钢筋与混凝土之间的耦合受力效果，计算结果也更符合实际；同时，在不需要重点分析的位置将计算简化，大大提高了计算的速度。通过闸墩整体式模型的计算并对引起闸墩混凝土开裂的原因进行分析，温度作用对闸墩裂缝的形成所占的影响系数很小，所以在闸墩组合模型分析过程中，不再将温度效应考虑在内。因此，对某水库闸墩的组合模型拟采用三种工况（即工况一、工况二、工况三）进行有限元计算，重点分析闸门开启或闭合情况下对闸墩受力状态形成的差异。为了分析现有裂缝是否会继续扩展或延展，闸墩组合模型计算闸墩现存裂缝状态下结构的力学特性设定为工况四，见表5.2。

表5.2　计算工况

工况	自重	静水荷载	上部结构荷载	闸门闭合	两侧闸门开启	一侧闸门开启	温度
一	√	√	√	√			
二	√	√	√		√		
三	√	√	√			√	
四			闸墩开裂状态力学特性计算				

其中，工况四开裂后的闸墩有限元计算，首先要提出几种假设：① 检修井井壁仅存在一条裂缝，并且为竖向直线裂缝，由墩顶至检修井中部。② 裂

137

缝为均匀裂缝，宽度始终保持为1cm。③ 裂缝开裂深度保持不变，为保护层厚度。④ 混凝土开裂处的钢筋没有破坏、锈蚀，保持原有的力学特性。⑤ 不考虑温度的影响。

5.3.1　工况一荷载组合计算分析

工况一考虑闸墩自重、静水荷载、闸墩上部荷载及闸门闭合情况下的共同作用，闸墩混凝土未开裂状态，使用ANSYS进行计算。闸墩第一主应力云图如图5.11所示。

由闸墩第一主应力云图可以看出，闸墩处于自重、上部荷载和前部静水压力作用下，大部分位置处于受压状态，且压应力值远小于混凝土的抗压强度，闸墩裂缝的形成并非压裂。而闸墩结构中的受拉区，主要集中在7m×5.1m检修井井壁和闸墩牛腿处，重点集中在闸墩中部偏上，在牛腿处出现应力集中现象，最大拉应力就在这里。在检修井井壁处，拉应力较大区域呈竖向延展，其数值为1.28~2.53MPa。

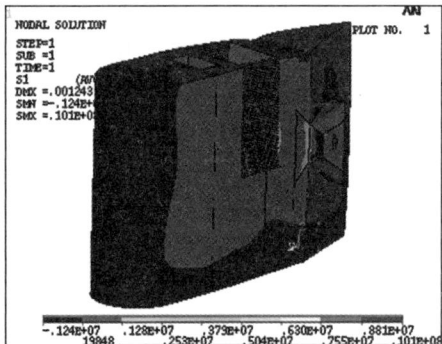

| 图5.11　第一主应力云图 | 图5.12　局部第一主应力云图 |

在实际闸墩结构中，是在闸墩的检修井井壁产生了竖向裂缝，因此，主要分析部位仍然是检修井处，查看裂缝局部详细第一主应力情况，见图5.12。

由局部第一主应力云图可以看出，在闸墩检修井处，混凝土所受压应力数值较小，最大值仅为0.60MPa，混凝土即便开裂，也并非压裂。所受最大第一主应力位于闸墩内侧，靠近牛腿方向，位于检修井中上部；外侧所受第一主应力极大值位置与内侧位置相同。二者虽然数值上存在差异，但是应力极大值走势基本相同，都是沿闸墩竖向。另外，在闸墩检修井井壁处，混凝土基本都处于受拉状态，从云图上观察可见，除靠近牛腿方向的检修井井壁处应力较大，井壁其他部位的应力值改变量较小，这些部位的第一主应力数值上为0.34～0.83MPa。仅仅查看第一主应力，只能判断出闸墩结构哪些位置受压、哪些位置受拉，从数值上看可以判断出哪些位置属于压应力较大区域、哪些位置属于拉应力较大区域，当这些数值与混凝土的抗压强度和抗拉强度相比时，大于混凝土的抗压或抗拉强度，可以推断这一区域内混凝土会产生压裂或拉裂。但是对于混凝土的裂缝方向，不知道是从X方向开裂还是Y方向开裂。闸墩实际情况中，检修井内外两侧均出现了裂缝，并且以竖向裂缝为主。从闸墩局部第一主应力云图也可以看出，闸墩裂缝主要为竖向裂缝，至于裂缝由什么方向开始开裂，则需要进一步分析。因此，查看闸墩X方向、Y方向、Z向拉应力数值与闸墩混凝土抗拉强度进行比较，同时查看X向、Y向、Z向的应力数值，这是判断闸墩从哪一个方向开裂的依据。这里首先对模型计算结果的Y向应力云图进行分析，见图5.13。

图5.13　Y向应力云图

图5.14　局部Y向应力云图

闸墩Y向应力云图与第一主应力云图比较来看，二者略有差异，但等值线走势基本相同，闸墩大部分位置均为受压区，在闸墩检修井井壁处存在受拉区，边界略微大于第一主应力云图中显示的区域。Y向压应力最大值也不大于混凝土的抗压强度，由此可以确定闸墩结构并非压裂。从Y向拉应力最大值来看，已经超过了混凝土的抗拉强度，构成了混凝土开裂的必要条件。对比实际闸墩裂缝位置，查看检修井处Y向拉应力云图，见图5.14。由局部Y向应力云图5.14可以看出，检修井井壁中部大范围区域为拉应力区，另外，墩顶检修井边缘处Y向应力值存在偏大区域，该区域并没有与检修井横向侧面相接。从数值上看，拉应力普遍介于0.56MPa至1.32MPa之间，在靠近牛腿位置出现较大拉应力。为了查看裂缝周围的具体应力数值，在闸墩裂缝周围选取若干节点作为考察对象，节点布置如图5.15所示。其中节点A～J布置在闸墩外侧，K～T布置在闸墩内侧，共计20个点位。各参考节点处的具体应力数值见表5.3。

图5.15　节点布置

表5.3　节点应力值　　　　　　　　　　　　单位：Pa

节点	节点编号	第一主应力值	X向应力值	Y向应力值	Z向应力值
A	14726	6.13E+05	1172.2	6.06E+05	−8564
B	11876	5.94E+05	377.05	2.62E+05	−1.74E+05
C	11886	8.57E+05	1472	5.15E+05	−5.15E+05
D	11896	1.08E+06	3225.1	9.14E+05	−7.95E+05
E	11906	1.12E+06	6296.9	1.08E+05	−9.93E+05
F	13706	7.07E+05	4330.6	0.70216E	−4863.7
G	12497	4.65E+05	2440.7	3.63E+05	−1.16E+05
H	12847	5.40E+05	2793.4	4.01E+05	−3.40E+05
I	13197	6.64E+05	4378.6	6.14E+05	−6.20E+05
J	13547	6.96E+05	5031.3	6.91E+05	−7.22E+05
K	23548	8.23E+05	−3.30E+02	8.22E+05	1290.7
L	19277	7.70E+05	−6.12E+02	4.16E+05	−1.55E+05
M	19286	1.18E+06	−6.34E+02	8.24E+05	−4.57E+05
N	19295	1.64E+06	−1.15E+03	1.46E+06	−6.25E+05

表5.3（续）

节点	节点编号	第一主应力值	X向应力值	Y向应力值	Z向应力值
O	19304	1.77E+06	−6.32E+02	1.73E+06	−7.44E+05
P	23135	8.51E+05	−4.14E+02	8.50E+05	−3748.2
Q	21888	5.86E+05	−6.25E+01	4.91E+05	−1.10E+05
R	22203	6.57E+05	3.13E+01	5.18E+05	−3.12E+05
S	22518	7.71E+05	5.11E+01	6.96E+05	−5.18E+05
T	22833	7.40E+05	5.25E+02	7.23E+05	−7.74E+05

从表5.3中可以看出，所选 A ~ T 这20个节点中，X 向应力值有正值有负值，说明这些节点处的混凝土既包含存在拉应力的部分，也包含存在压应力的部分；Y 向应力数值与第一主应力数值最为接近，并且全部为正值，说明这些节点处的混凝土都处于受拉状态，这也验证了前文所述的查看第一主应力云图和 Y 向应力云图作为判断闸墩裂缝位置和方向的依据。Z 向应力值的特点与 X 向应力值的特点相同，仅仅在数值上更接近 Y 向应力值，但可以明显看出，大部分节点处的 Z 向应力值与第一主应力数值比较都相差很大。综合以上图表及数据分析，可以得出结论：当闸门闭合时，闸墩整体结构普遍存在压应力，仅有检修井井壁两侧混凝土及牛腿处混凝土存在拉应力。在闸墩检修井井壁两侧，内侧所受拉应力值略大于外侧所受拉应力值，但是都没有超过混凝土的抗拉强度，不会引起混凝土的开裂；检修井两侧混凝土所受 Y 向拉应力值与第一主应力数值上最为接近，即说明，如果检修井处混凝土开裂，也应该是 Y 方向断裂，并形成竖向裂缝，并且应该在靠近牛腿处先发生断裂。在远离牛腿位置，检修井井壁虽受拉应力，但数值随距离增大而减小，开裂的可能性也随之降低。

5.3.2　工况二荷载组合计算分析

工况二考虑闸墩自重、静水荷载、闸墩上部荷载及闸门开启情况下的共同作用，闸墩混凝土未开裂状态，使用ANSYS进行计算。闸墩第一主应力云图如图5.16所示。

由闸墩第一主应力云图可以看出，当闸门开启时，闸墩大部分位置仍然以压应力为主，且不大于混凝土的抗压强度，因此闸墩混凝土裂缝的形成不会是由受压而引起的破坏。在牛腿周围、检修井井壁处，明显可以看到一条竖向受拉区。实际闸墩中，检修井井壁处混凝土产生了裂缝，将闸墩第一主应力计算结果取局部（检修井处）观察，见图5.17。由局部第一主应力云图可以看出，检修井井壁存在受拉区竖向条带，这一条带由墩顶直至检修井变截面处，从数值上看主要分布在2.43MPa以上。对比闸墩实际情况，检修井内外两侧均出现了裂缝，并在顶部形成了通缝，裂缝均以竖向裂缝为主。由闸墩第一主应力云图也看出，闸墩裂缝主要应为竖向裂缝，因此，查看闸墩Y向拉应力数值与闸墩混凝土抗拉强度进行比较，也是判断闸墩是否开裂的依据。模型计算结果的Y向应力云图见图5.18。闸墩Y向压应力范围与第一主应力范围基本一致，最大值出现在牛腿处，与实际闸门荷载作用处符合；在最大检修井井壁处，靠近牛腿方向，出现拉应力区，由墩顶向下延伸，至检修井变截面处而止，又折向牛腿处，此处Y向拉应力的变化趋势与第一主应力的变化趋势相同，证明这一部位也就是混凝土的危险区域。从数值上看，井壁外侧Y向拉应力值已经接近2.65MPa，极有可能引起混凝土开裂。

这里对闸墩检修井处局部Y向拉应力也进行提取，并进行对比，见图5.19。

图5.16　第一主应力云图

图5.17　局部第一主应力云图

图5.18　Y向应力云图

图5.19　局部Y向应力云图

检修井井壁所受 Y 向拉应力极大值变化趋势与第一主应力变化趋势基本一致，也都是沿闸墩竖向，内侧 Y 向拉应力值较外侧值大些，在靠近牛腿方向较远离牛腿方向大些。明显可以看出拉应力在 3.40MPa 左右形成一条竖向受拉区，从墩顶至检修井变截面处。这一竖向受拉区内，Y 向拉应力值已经超过了混凝土的抗拉强度，会引起检修井井壁 Y 方向裂缝的形成。同样采用如图 5.15 所示的节点布置，对闸门开启时检修井井壁各点处混凝土的受力状态进行分析，并将计算结果数据提取，见表 5.4。

表5.4 节点应力值 单位：Pa

节点	节点编号	第一主应力值	X 向应力值	Y 向应力值	Z 向应力值
A	14728	2.91E+06	1.74E+04	2.89E+06	−41153
B	11963	2.55E+06	1.97E+04	2.53E+06	−9189.3
C	11972	2.86E+06	2.21E+04	2.83E+06	−3.44E+05
D	11980	3.32E+06	2.58E+04	3.29E+06	−7.12E+05
E	11989	3.47E+06	2.68E+04	3.39E+06	−1.07E+06
F	13701	2.30E+06	1.60E+04	2.28E+06	−5769.7
G	12502	2.19E+06	1.52E+04	2.18E+06	−79234
H	12852	2.30E+06	1.59E+04	2.28E+06	−3.10E+05
I	13132	2.58E+06	1.79E+04	2.55E+06	−6.56E+05
J	13447	2.85E+06	1.95E+04	2.70E+06	−9.85E+05
K	23549	4.90E+06	12368	4.90E+06	63410
L	19234	4.14E+06	1452.4	4.14E+06	3.55E+05
M	19244	4.53E+06	1910.1	4.53E+06	22612
N	19253	5.30E+06	2685.8	5.30E+06	−2.65E+05
O	19262	5.44E+06	917.19	5.31E+06	−4.71E+05
P	23131	2.49E+06	1.435	2.49E+06	−2484.6
Q	21892	2.42E+06	−3.9318	2.42E+06	−2739.8
R	22242	2.49E+06	91.292	2.49E+06	−1.80E+05
S	22557	2.65E+06	156.59	2.62E+06	−4.42E+05
T	22872	2.50E+06	−1977.1	2.39E+06	−8.97E+05

从表5.4给出的20个节点第一主应力和X向、Y向、Z向应力数值来看，A~E，F~J，K~O，P~T这四条竖向直线区域都属于受拉区，并且主要是Y方向受拉，因为从第一主应力的数值上来看，都与Y向应力值十分接近，而X向应力值、Z向应力值相对较小。A~T 20个节点的第一主应力数值普遍大于混凝土的抗拉强度，表明这四个条带的混凝土都存在开裂的可能。受拉最严重的是K~O条带，即检修井内壁靠近牛腿处。

综合以上图表及数据分析，可以得出结论：当闸门开启时，由墩顶向下，至检修井变截面处，检修井两侧井壁混凝土在靠近牛腿处，所受拉应力值均超过了混凝土的抗拉强度，将会引起混凝土的开裂；在远离牛腿处，随着距离的增加，拉应力逐渐减小。不管是靠近还是远离牛腿处，检修井井壁的混凝土开裂均是Y方向拉裂，形成竖向裂缝。

5.3.3 工况三荷载组合计算分析

工况三考虑闸墩自重、静水荷载、闸墩上部荷载及单侧闸门闭合情况下的共同作用，闸墩混凝土未开裂状态，使用ANSYS进行计算。工况三要分析的是，当闸墩两侧闸门不同时闭合或者开启时，闸墩的受力状态。同样，假定闸墩左侧闸门开启至最大位置，而右侧闸门保持闭合状态，使用ANSYS计算后的闸墩第一主应力云图如图5.20所示。

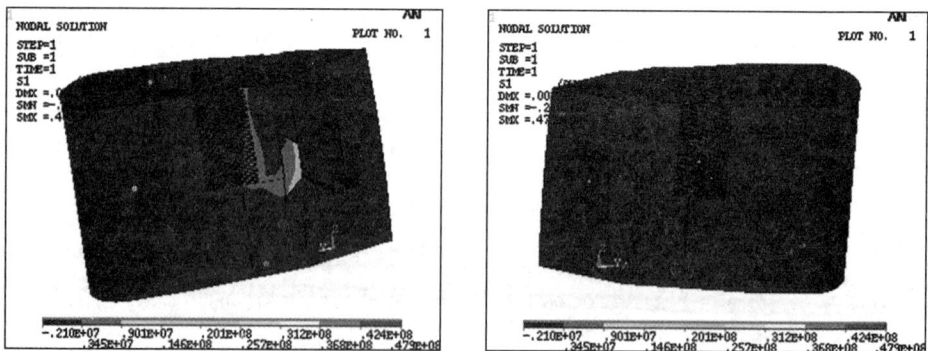

图5.20 闸墩第一主应力云图

从图5.20中可以看出，闸墩结构大部分区域处于受压状态，并且闸门闭合的右侧完全看不到拉应力区，仅仅在闸门开启的左侧，在检修井井壁处，存在拉应力带，与两侧闸门开启时结果十分接近。

将检修井井壁处结构放大，查看局部第一主应力云图，见图5.21。查看检修井处局部第一主应力云图，在闸门开启一侧，检修井井壁都处于受拉状态，而在闸门闭合一侧，除了靠近牛腿处的检修井内壁受拉外，其余部位都处于受压状态。在闸门开启一侧，靠近牛腿处，从墩顶至下，存在一条拉应力极大值竖向条带。参照应力等值线可以看出，在闸门闭合一侧，混凝土主要承受压应力，数值不超过0.5MPa，只有很小的一部分处于受拉状态，且拉应力不超过2.2MPa；在闸门开启一侧，混凝土主要处于受拉状态，存在一条拉应力大于3.6MPa的竖向区域，这一区域混凝土会产生断裂。

图5.21 局部第一主应力云图

实际闸墩是在检修井井壁形成了竖向贯穿裂缝，即检修井井壁混凝土在Y方向发生了断裂，查看闸墩Y方向应力云图，见图5.22。从图5.22可以看出，在闸门闭合一侧，闸墩上部检修井周围为Y方向受拉区，其余大部分位置均为受压区；在闸门开启一侧，Y方向受拉区明显大于闸门闭合一侧，闸墩大部分侧面都处于受拉状态，但是，除了牛腿处的应力集中和检修井井壁两处，Y向拉应力数值较大外，其他Y方向位置的拉应力数值相对较小。从整体云图中只能查看闸墩整体的Y向受力趋势，重点要分析的检修井井壁附近，则需要将局

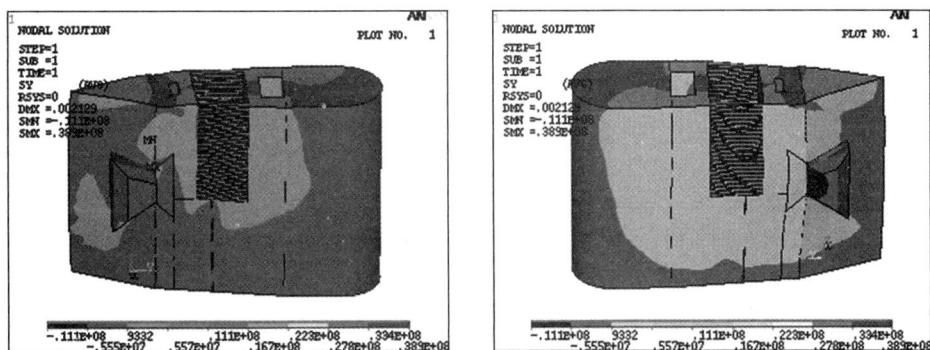

图5.22 闸墩Y向主应力云图

部 Y 向应力云图提取出来查看，见图5.23。

图5.23　局部 Y 向应力云图

查看检修井处局部 Y 向应力云图，在应力等值线走势上与第一主应力云图基本一致，但不同的是，第一主应力云图中，闸门闭合一侧的检修井井壁呈现的是受压状态，而 Y 向应力云图中，不论闸门闭合还是开启，检修井井壁都处于 Y 方向受拉状态。

这是由于，静水荷载、闸门开启荷载作用在牛腿处的压应力传递至检修井井壁处，在 Y 方向上形成了拉应力，而在闸墩上部存在荷载，前部存在静水压力，以及闸墩自重，这些荷载共同作用下的第一主应力可以呈现出受压或者受拉的现象。在闸门开启一侧，检修井井壁所受 Y 方向上的拉应力明显大于闸门闭合一侧，这也是因为闸门开启时的荷载较静水荷载大所致。为了判断闸墩检修井井壁的混凝土开裂位置，同样，按照图5.15所示布置 A ~ T 20个节点，提取节点应力值，见表5.5。

表5.5　节点应力值　　　　　　　　　　　　　　　　单位：Pa

节点	节点编号	第一主应力值	X 向应力值	Y 向应力值	Z 向应力值
A	14728	3.26E+06	2.14E+04	3.24E+06	−11079
B	11963	3.10E+06	2.18E+04	3.06E+06	1.51E+05
C	11972	3.51E+06	2.48E+04	3.45E+06	−73983
D	11980	4.01E+06	2.92E+04	3.97E+06	−3.04E+05
E	11989	4.15E+06	3.09E+04	4.12E+06	−5.66E+05
F	13701	1.97E+06	1.20E+04	1.96E+06	−8640
G	12502	1.91E+06	1.26E+04	1.89E+06	−97591

表5.5（续）

节点	节点编号	第一主应力值	X向应力值	Y向应力值	Z向应力值
H	12852	2.10E+06	1.39E+04	2.07E+06	−2.74E+05
I	13132	2.44E+06	1.65E+04	2.42E+06	−5.44E+05
J	13447	2.78E+06	1.92E+04	2.72E+06	−7.83E+05
K	23549	2.22E+06	6.82E+03	2.22E+06	31064
L	19234	1.56E+06	1.20E+03	1.49E+06	30039
M	19244	1.85E+06	1.56E+03	1.75E+06	−4.08E+05
N	19253	2.17E+06	1.91E+03	2.14E+06	−7.07E+05
O	19262	1.89E+06	−2.79E+00	1.89E+06	−9.56E+05
P	23131	6.60E+05	−7.70E+02	6.60E+05	−6846.5
Q	21892	3.49E+05	3.85E+01	3.42E+05	−1.67E+05
R	22242	3.07E+05	1.09E+02	2.97E+05	−4.38E+05
S	22557	3.88E+05	1.22E+02	3.88E+05	−6.93E+05
T	22872	4.36E+05	−1.20E+03	4.29E+05	−1.03E+06

综上图表和数据，可以得出结论：在闸门闭合一侧，牛腿处主要受到静水荷载的作用，闸墩各处所受应力均不大于混凝土的抗压、抗拉强度，或者应力极大值处与混凝土的抗拉强度比较接近，对闸墩混凝土开裂的影响不大；而在闸门开启一侧，牛腿处额外承受闸门荷载的作用，在闸墩检修井井壁处，混凝土受到较大的拉应力，完全超过了混凝土的抗拉强度，这一侧的混凝土会产生裂缝，并且为竖向裂缝。

5.3.4　工况四荷载组合计算分析

工况四考虑闸墩自重、静水荷载、闸墩上部荷载及单侧闸门闭合情况下的共同作用，闸墩混凝土开裂状态，使用ANSYS进行计算。要分析闸墩的加固情况，首先要确定闸墩开裂之后的受力状态，找出开裂状态下闸墩的危险部位，探讨加固方案。

计算闸墩开裂状态的有限元模型必须使用闸墩组合式模型。这是因为：整体式模型中钢筋与混凝土单元作为一个单元进行分析，无法体现出混凝土破坏、钢筋继续保持工作的情况；而组合式模型中钢筋单元与混凝土单元分离，混凝土破坏，钢筋可以保持原有的形式继续工作，这通过 ANSYS 中的单元生死技术杀死裂缝处的混凝土单元来进行模拟。最终的有限元模型（包括裂缝位置及裂缝形式）见图 5.24。

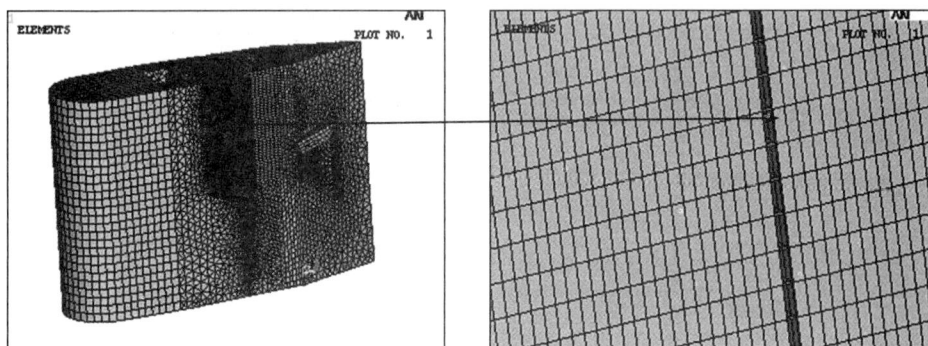

图 5.24　假设裂缝位置及裂缝形式

闸墩裂缝成因分析中，已经确定了闸墩在各种工况下的受力状态，当两侧闸门同时开启时，闸墩内部受到的应力最大、处于最容易产生裂缝的状态。因此，在闸墩加固分析中，只针对闸墩两侧闸门同时开启，并且开启至最大位置时，分析闸墩的加固措施和加固效果。

在闸墩组合模型的基础上，利用 ANSYS 的单元生死技术，杀死裂缝处的混凝土单元，再按照工况一添加边界条件和荷载，最终计算结果见图 5.25。

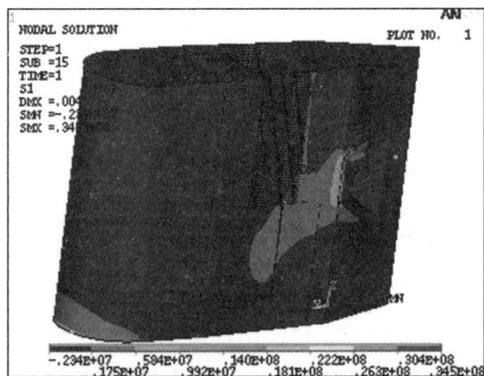

图 5.25　闸墩第一主应力云图

闸墩第一主应力云图中，大部分区域依然显示为压应力区，而拉应力区与开裂前的分布有所不同，在检修井井壁，仅在裂缝附近存在拉应力，而大片的受拉区向下转移，不再沿牛腿转折向上，而是沿牛腿转向闸墩下部。另外，在闸墩墩角处出现微小拉应力区，但数值很小。分析出现这种现象产生的原因，是因为闸墩检修井井壁混凝土开裂，不再承担拉应力的传递，仅有钢筋继续保持受拉状态，然而，钢筋的受拉性能远胜于混凝土，拉应力传递过程中，在混凝土裂缝处发生转移，所以在检修井下部，原先不受拉的区域形成了受拉区。虽然检修井下部混凝土厚度为 2.25m，配筋较多，但是此处受拉应力值在1.75MPa 左右，存在开裂危险。而检修井上部裂缝附近，拉应力值仍然偏大。

查看闸墩 Y 向应力云图，见图 5.26。闸墩 Y 向应力云图与第一主应力云图相似，大部分区域均以压应力为主，在检修井井壁裂缝周围、牛腿处附近存在拉应力，另外，沿牛腿转向闸墩下部存在一小块拉应力区域。在闸墩墩角处没有出现拉应力区，而是压应力数值变小。在分析闸墩局部应力状态的时候，不可以按照闸墩开裂前的选择方法选择局部范围。这是因为，闸墩开裂后，受拉区已经向检修井下部发生转移，并且引起的应力数值与混凝土的抗拉强度接近，甚至有些区域应力值已经超过了混凝土的抗拉强度。因此，采用如图 5.27所示选取闸墩局部的方式，查看第一主应力云图。

图 5.26　闸墩 Y 向应力云图

图 5.27　闸墩局部第一主应力云图

从闸墩局部第一主应力云图可以更明显地看出，检修井上部由于存在裂缝，混凝土已经无法正常传递拉应力，所以检修井上部拉应力仅为几条细微的竖向条带，不过这些裂缝附近竖向条带的拉应力值明显大于混凝土的抗拉强度，表明检修井上部已有裂缝会继续扩展。另外，拉应力传递方向有所改变，向检修井下部转移，形成拉应力区，从数值上看，介于 1.82MPa 和 4.15MPa 之间，下部检修井井壁存在开裂危险。还有，在检修井变截面处形成明显的应力集中，该处混凝土必然发生断裂。

参照闸墩开裂前的应力分析方法，查看闸墩开裂后局部 Y 方向应力云图，见图5.28。闸墩局部Y向应力云图在检修井上部区域与闸墩第一主应力云图等值线分布基本一致，而在检修井下部区域差别较大，Y向拉应力并没有显著地向检修井下部转移，而是在检修井变截面位置向内侧转移。这是因为，第一主应力可以沿主平面进行传递，单一方向的应力传递无法进行大转角的传递。不过，从数值上来看，牛腿周围（包括检修井下部）的Y向应力数值在1.76MPa左右，检修井下部混凝土开裂未必是Y方向断裂。而检修井上部裂缝两侧还存在拉应力区，应力值在4.34MPa左右，说明裂缝有继续扩展的危险。

图5.28　闸墩局部Y向应力云图

综上所述，闸墩检修井上部井壁混凝土产生裂缝之后，裂缝两侧混凝土仍然处于受拉状态，并且拉应力数值上仍然大于混凝土的抗拉强度，并且以Y向应力值为主，表明闸墩检修井上部混凝土裂缝极有可能继续扩展。检修井下部出现拉应力区，且数值上与混凝土的抗拉强度接近，开裂可能，但是开裂方向不会是Y方向，而是向图5.13所示的方向延展，也就是说，如果检修井下部混凝土产生的裂缝，将不再是竖向裂缝，而是出现了折角，折向闸墩前部。对比某水库实际工程情况，存在裂缝的闸墩，其裂缝呈现出逐年扩展的趋势，并且裂缝向检修井下部的扩展方向也确实不是竖向，而是向闸墩前部方向折弯，这与局部第一主应力的计算结果符合。

5.4　闸墩裂缝成因演化分析

通过溢流坝泄洪闸闸墩组合模型计算，对比闸门开启或闭合的前三种计算工况，把A～E，F～J，K～O，P～T四条竖向条带按照顺序编排成1～5，6～

10，11～15，16～20四组，将三种工况下的第一主应力数值提取，绘成折线图，见图5.29。

图5.29 节点第一主应力变化曲线

综合以上图表及数据分析，可以看出：当闸门闭合时，闸墩主要受静水荷载作用时，闸墩整体结构普遍存在压应力，仅有检修井井壁两侧混凝土及牛腿处混凝土存在拉应力，闸墩检修井两侧井壁虽受拉应力较大，但只是与混凝土的抗拉强度接近，会对闸墩开裂缝构成一定的威胁；然而，当闸门开启时，闸墩牛腿处所受压应力较大，虽然闸墩整体大部分区域处于受压状态，但是检修井两侧混凝土所受拉应力值超过了混凝土的抗拉强度，并且所受Y向拉应力值与第一主应力数值上最为接近，说明检修井井壁处混凝土会发生开裂，应该是Y方向断裂，形成竖向裂缝；在靠近牛腿处的竖向条带，拉应力值最大，先发生断裂；在远离牛腿位置，检修井井壁虽受拉应力，但数值随距离增大而减小，开裂的可能性逐渐降低。

所以，在闸墩组合模型计算结果中，闸门开启工况的荷载是闸墩开裂的主要原因，静水荷载对闸墩的开裂具有一定的威胁。① 在闸墩检修井以外的部位产生应力以压应力为主，并且压应力都小于混凝土的抗压强度，不会引起混凝土的压裂破坏。② 在闸墩检修井井壁处，节点第一主应力数值都与Y向应力数值最为接近；同时，Y向应力数值远大于X向和Z向应力数值，只有闸墩两侧闸门一侧开启、另一侧闭合时，X向应力数值才偏大一些，但也小于Y向应力数值。③ 在闸墩检修井两侧井壁处产生拉应力，并且拉应力极大值都呈竖向直线方式延展，在检修井中部偏上一点达到最大值，再向下迅速减小，最后过渡为压应力。④ 在检修井两侧井壁引起的拉应力都是内侧拉应力数值大于外侧拉应力数值，一旦形成裂缝，也应该是内侧混凝土先开裂。⑤ 检修井井壁第一主应力与Y向应力，不论内壁还是外壁，最大值均是在靠近牛腿方向产生，并向远离牛腿方向逐渐减小，转变成压应力。⑥ 在牛腿处形成了应力集中现象，在实际闸墩中，牛腿处安装钢闸门铰支座，基础结构配筋率很高（8.9%），能够承载很大的拉应力，不至于产生明显破坏。这一区域不是本书重点要分析的部位，所以不做深入研究。

由此可见，闸墩混凝土开裂的主要原因是闸门开启时对闸墩牛腿处的压应力过大。但是，从闸墩组合模型中可见，闸墩检修井上部两侧井壁设计厚度仅为1m，配筋采用Φ19双排布置，在牛腿附近的扇面区域，设计厚度尚且不足1m。在检修井井壁处承受拉应力的钢筋过少，而检修井中部以下，由于截面改变，井壁厚度增大至2.25m，配筋率虽然没有改变，但钢筋数量明显增多，混凝土所受拉应力数值也很小，不会引起混凝土的破坏或开裂，实际检修井下部也没有产生明显裂缝。由此可以确定，在闸墩检修井处，因为井壁截面过小，必须要传递较大的应力，该应力值一旦大于混凝土的抗拉强度，就会引起混凝土的开裂。所以得出结论，闸墩裂缝的主要成因为闸门开启状态的荷载作用，检修井井壁靠近牛腿的混凝土拉应力超出混凝土抗拉强度，截面过小，配筋率不足。

5.5 研究结论

本章主要论述当前工程技术领域最常用、最有效的数值计算方法即有限元法，利用ANSYS软件对工程实例裂缝问题进行计算分析，采用组合式有限元计算模型对闸墩进行有限元模型计算分析。取得主要成果如下：

① 闸墩有限元计算荷载包括上游静水荷载、上部结构荷载、推力荷载和温度荷载。计算中荷载组合分为4种工况。

② 根据各种工况，分别对闸墩（重点是检修井井壁处）的受力状态进行计算分析。模型计算的结构拉应力分布区域的结果，与工程实际发生开裂位置基本吻合，为判断裂缝主要成因、裂缝位置、开裂趋势提供理论计算依据。

③ 闸墩裂缝的主要成因是闸门开启至最大位置时，检修井井壁所受拉应力超过混凝土的允许抗拉强度；静水荷载、温度荷载对闸墩开裂构成一定威胁，但不是主要因素。

④ 闸墩组合模型模拟计算结果，为混凝土结构工程安全分析、判断应力危险区域及制定混凝土结构修补加固方法和技术方案提供理论依据。

6 钢筋混凝土闸墩 裂缝阻裂加固数值模拟

本章依据钢筋混凝土闸墩阻裂加固技术方法，展开钢筋混凝土裂缝阻裂加固处理原则、钢筋混凝土裂缝阻裂加固方法研究，在分析钢筋混凝土裂缝阻裂加固材料的基础上，深入进行碳纤维布阻裂加固方法和钢纤维混凝土置换阻裂加固方法的研究。通过碳纤维布与钢纤维混凝土阻裂与加固数值模拟分析，揭示了钢筋混凝土闸墩阻裂加固机理与控制，验证两种阻裂与加固方法的可靠性。

6.1 钢筋混凝土闸墩裂缝阻裂加固原则与方法

6.1.1 钢筋混凝土裂缝阻裂加固处理原则

钢筋混凝土闸墩运行后，要承担各种荷载、环境条件作用，甚至会受到超出设计标准的情况。钢筋混凝土闸墩长期服役或遇到超出设计标准的条件，对钢筋混凝土闸墩造成损伤，如发生裂缝，甚至断裂、破碎、倾倒等。钢筋混凝土闸墩发生严重破坏，要停止使用，或重新建设。若是发生裂缝，要进行检查。必要时要进行全面普查，代表性宽度、代表性深度检测，甚至代表性宽度或深度连续或定期监测，分析裂缝产生原因、裂缝类型、裂缝发展趋势及其危害性。裂缝宽度或长度基本不随时间或外界环境条件或荷载变化而变化的，称为死缝或稳定裂缝；反之，称为活缝或不稳定裂缝。在不同环境条件下，裂缝宽度或深度达到一定程度，要采取适宜的阻裂与加固方法进行阻裂与加固处理。钢筋混凝土裂缝阻裂与加固方法要综合考虑裂缝形成机理、阻裂与加固材料的适应性、裂缝所处环境及施工环境、质量控制标准等方面因素，要做到技术可行、质量可靠、经济合理、安全耐久。根据《水工混凝土建筑物缺陷检测和评估技术规程》（DL/T 5251—2010），钢筋混凝土裂缝阻裂与加固处理原则为：① 处于室内或露天、迎水面、水位变动区或有侵蚀地下水环境的缝宽 $\delta < 0.2mm$ 且缝深 $h \leqslant 300mm$ 的细微裂缝，可不进行阻裂与加固处理。② 处于过流面、海水或盐雾作用区的缝宽 $\delta < 0.2mm$ 且缝深 $h \leqslant 300mm$ 的细微裂缝，应进行阻裂与加固处理。③ 处于室内或露天、迎水面、水位变动区或有侵蚀地下水环境、过流面、海水或盐雾作用区的缝宽 $0.2mm \leqslant \delta < 0.3mm$ 且缝深 $300mm < h \leqslant 1000mm$，不超过结构宽度的 1/4 的表面或浅层裂缝；缝宽 $0.3mm \leqslant \delta < 0.4mm$ 且缝深 $100cm \leqslant h < 200cm$，或大于结构厚度的 1/4 的深层裂缝；缝宽 $\delta \geqslant 0.4mm$ 且缝深 $h \geqslant 200cm$ 或大于 2/3 结构厚度的贯穿性裂缝均应进行处理。

6.1.2　钢筋混凝土裂缝阻裂加固方法

根据《病险水工程裂缝修补技术》，钢筋混凝土裂缝阻裂与加固方法主要有：

（1）喷涂法

适用于较窄（缝宽 $\delta < 0.3mm$）的表层裂缝，主要用喷涂机在裂缝表面喷涂上修补涂料。涂料成膜厚度不小于 1mm。

（2）粘贴法

包括表面粘贴法和开槽粘贴法。表面粘贴法适用于较窄（缝宽 $\delta < 0.3mm$）的表层死缝，主要用胶黏剂直接粘贴片材。开槽粘贴法适用于较宽（缝宽 $\delta > 0.3mm$）的表层活缝，先骑缝开凿 V 形槽，然后再在槽内回填树脂基类砂浆，最后在表面用胶黏剂粘贴弹性类片材。

（3）充填法

包括死缝充填法和活缝充填法。死缝充填法适用于较宽（缝宽 $\delta > 0.3mm$）的表层死缝，先在裂缝表面骑缝开凿 V 形槽，然后再在槽内充填砂浆类材料。活缝充填法适用于较宽（缝宽 $\delta > 0.3mm$）的表层活缝，先在裂缝表面骑缝开凿 U 形槽，然后再在槽内回填弹性类砂浆或弹性类嵌缝材料。

（4）灌浆法

包括死缝灌浆法和活缝灌浆法。死缝灌浆法适用于各种宽度的表层死缝和深层死缝，先在裂缝表面骑缝开凿 V 形槽，然后再在槽内充填砂浆类材料，最后在裂缝两侧交错钻斜孔灌浆。

活缝灌浆法适用于各种裂缝宽度的表层、深层和贯穿性活缝，先在裂缝表面骑缝开凿U形槽，然后再在槽内回填弹性类砂浆或弹性类嵌缝材料，最后在裂缝两侧交错钻斜孔灌注弹性类浆材。若灌注的浆材是化学类的材料，这种灌浆法称为化学灌浆法，简称化灌法。一般裂缝宽度 $\delta < 0.5mm$ 时，宜采用化灌法。

（5）预应力法

适用于钢筋混凝土结构的各种裂缝，主要采用预应力钢索或预应力拉杆。穿过结构裂缝，一端锚固，在另一端施加适当的预应力，再锚固起来的阻裂与加固方法。

（6）粘贴玻璃钢板或钢板法

适用于钢筋混凝土结构的各种裂缝，在裂缝表面粘贴玻璃钢板（GFRP板）或钢板并提高其承载力的阻裂与加固方法。

（7）加大截面加固法

适用于钢筋混凝土结构的各种裂缝，主要采用按照原结构选材或另选同类其他等级材料加大原结构的截面面积或增配钢筋，以提高其承载力和刚度或改变其自振频率的阻裂与加固方法。

（8）钢纤维混凝土置换法

采用钢纤维混凝土置换原结构的阻裂与加固方法。

6.1.3　钢筋混凝土裂缝阻裂加固材料

根据多年在混凝土裂缝处理方面积累的经验和调查研究情况，整理了适用于闸墩混凝土裂缝阻裂与加固的主要材料，详见表6.1。

表6.1　闸墩混凝土裂缝阻裂与加固主要材料

分类	名称	主要用途
混凝土表面防护材料	双组份涂刷聚脲	混凝土裂缝表面封闭
	单组份涂刷聚脲	
	聚氨酯涂料	混凝土裂缝表面止水
聚合物水泥砂浆	干硬性预缩水泥砂浆	混凝土裂缝嵌填
	丙乳胶乳水泥砂浆	
	氯丁胶乳水泥砂浆	

表6.1（续）

分类	名称	主要用途
	环氧乳液水泥砂浆	混凝土伸缩缝内部嵌填、裂缝表面开槽嵌填
	高弹性抗冲磨砂浆	
	低温环氧砂浆	混凝土裂缝嵌填
	弹性环氧砂浆	
灌浆材料	水溶性聚氨酯浆材	混凝土裂缝堵漏和补强
	改性聚氨酯浆材	
	丙烯酰胺（丙凝）浆材	混凝土裂缝堵漏
	油溶性聚氨酯浆材	混凝土裂缝堵漏和补强
	水泥（超细水泥）浆材	
	环氧树脂浆材	混凝土裂缝灌浆补强加固和防渗处理
	甲凝浆材	
嵌填密封材料	沥青类塑性填料止水材料	混凝土裂缝嵌填密封止水（冷施工）
	橡胶类塑性填料止水材料	
	硅酮密封胶	
	聚氨酯嵌填材料	
	丁基密封腻子	
	遇水膨胀橡胶止水材料	
	自黏性橡胶密封带	
	高弹性聚脲砂浆	
快速堵漏止水材料	水泥快速堵漏剂	快速封堵混凝土裂缝渗漏
	水玻璃或水泥水玻璃浆材	混凝土裂缝宽大于0.5mm漏水处理和补强
防水片材	三元乙丙橡胶片材	混凝土裂缝防渗处理
	三元乙丙复合柔性板	
	氯丁橡胶片材	
	橡胶止水带	
	硫化橡胶卷材	

表6.1（续）

分类	名称	主要用途
	非硫化橡胶卷材	
	聚氯乙烯卷材	
	橡胶布	
加固材料	玻璃钢板	
	钢板	
	碳纤维布	混凝土结构补强加固
	钢纤维混凝土	
	锚索（锚杆）	
其他材料	水溶性环氧界面处理剂	提高新老混凝土的界面黏结强度
	乳胶类界面处理剂	
	快速堵漏剂	临时快速堵漏
	药卷式锚杆锚固剂	
	早强锚固剂	新老混凝土间锚固
	环氧锚固剂	

6.1.4　碳纤维布阻裂加固方法

（1）主要方法

根据裂缝处理经验和调查研究，针对钢筋混凝土闸墩裂缝属深层或贯穿的活动裂缝的现状以及国内外现有修补材料情况，优选修补加固方法。优选修补加固方法为组合式碳纤维布阻裂与加固方法，即首先选取手刮聚脲进行裂缝表面封闭处理，使裂缝内外分开，具备灌浆条件。然后，采用灌筑弹性聚酯树脂类材料进行裂缝内部灌浆，连接裂缝两侧混凝土，封闭裂缝通道，避免水分侵入，其结构示意图如图6.1所示；再在闸墩表面粘贴碳纤维布进行整体加固，使开裂的钢筋混凝土闸墩结构恢复为整体的处理方案。

上述灌浆、粘贴、喷或涂或刮措施封闭了裂缝，并使已经破坏的混凝土结构恢复为形式上的一体，但不能成为能够共同抵抗外力的一体，或能够共同抵抗外力的能力很微小的一体，并没有从根本上提高结构的受力性能，所以，需

图6.1 裂缝表面处理结构图（单位：mm）

要对混凝土结构进一步采取结构补强技术，使破坏的混凝土结构恢复为真正的一体。

提高闸墩受力性能的加固方法主要有两种：一种是直接加固法，一种是间接加固法。

① 直接加固法。就是不改变原结构的受力方式，单纯提高结构内部承载力的方法，如化学补强法、增加断面法。化学补强法就是向已有的混凝土结构中钻孔注浆，灌注高强化工材料，通过这种渠道提高混凝土结构的力学性能，这种方法大多使用在尚未破坏的结构中。对于某水库已经存在裂缝的闸墩结构，如果再采取钻孔注浆的方法，钻孔过程势必对现有的结构产生更危险的威胁，因此不提倡使用化学补强法对闸墩进行加固。增加断面法就是在原结构的基础上，扩大混凝土截面，在扩大的截面中配置钢筋等加固材料，通过这种方法来对混凝土结构进行加固。某水库闸墩检修井井壁过薄，如果采用这种方法，看起来似乎行得通，但是，检修井井壁内侧已有部分监测、检修设备，可增加断面尺寸十分有限，井壁外侧存在钢闸门的巨大钢臂，所以不能采用增加断面法。

② 间接加固法。即改变原结构的受力方式，转变应力传递路径，以此达到提高结构承载力的方法，如外加预应力钢板法（外加预应力锚索法、外加预应力钢筋法），外加钢支撑法，CFRP体外加固法等。

外加预应力钢板等同类方法是目前水利工程中普遍采用的加固方法，通过在混凝土结构外侧粘贴或锚固钢板，使钢板与混凝土结构融为一体，通过共同承担结构中的应力的形式来达到加固效果。该法于20世纪70年代就在我国的水利水电工程中得到应用，其后葛洲坝水利枢纽工程、岩滩水电站、安康水电站、北京斋堂水库等都应用预应力法补强加固闸墩竖向裂缝。预应力施加范围内的所有裂缝均能一次性得到处理，并能减小裂缝开度，但存在预应力松弛、钢丝锈蚀、造孔施工复杂、外观形象改变等缺点。外加钢支撑法主要用于提高混凝土结构的抗压性能和抗震性能，本书研究的某水库闸墩加固，主要是针对检修井井壁受拉破坏这方面进行加固，因此，该法在本书中不予采纳。

碳纤维布体外加固法是一种新兴的混凝土体外加固方法，是在混凝土结构外侧粘贴高强度或高弹性模量的连续碳纤维，与原结构形成一个整体，使碳纤维布参与承担混凝土结构中的应力，由于碳纤维分担了部分荷载，降低了钢筋混凝土结构的应力，从而使结构得到补强加固，通过这种方法来提高混凝土结构的抗拉、抗弯等性能。碳纤维布体外加固法始于20世纪90年代的日本，很快广泛受到国内外工程界的关注和应用，我国于1997年引进该技术，起步较晚但发展很快。如岗南水库、北京三家店拦河闸等多个闸墩竖向裂缝的补强加固，取得了较显著效果。

对比以上几种闸墩混凝土结构加固方法，本书选取内部灌浆、表面封闭和碳纤维布结构整体补强的综合方法作为某水库闸墩加固的方法。

（2）主要材料

裂缝表面封闭材料选用环氧树脂类、聚酯树脂类、聚氨酯类、改性沥青类、手刮聚脲弹性类材料。粘贴材料选用橡胶片材、聚氯乙烯片材等弹性类防水片材。灌浆材料选用弹性聚氨酯浆材等弹性类灌浆材料。加固材料选用碳纤维布。

（3）主要工艺

① 裂缝表面封闭处理。使用手刮聚脲材料进行裂缝表面封闭，干燥后的手刮聚脲涂膜平均厚度不小于2mm，裂缝开口处表面涂膜厚度为3～4mm。主要工艺流程见图6.2。各主要工艺流程要求如下。第一步，表面清理：包括钢筋头割除，混凝土表面找平凿毛；混凝土蜂窝等缺陷处修补；混凝土表面打磨；混凝土表面清洗。第二步，刷涂界面剂。第三步，刮涂SK手刮聚脲一遍（部分位置需加设胎基布）。第四步，刮涂SK手刮聚脲二遍。第五步，养护：空气中养护。聚脲材料特性及适用条件情况：聚脲弹性体技术是国外近十年来开发的新型无溶剂、无污染的绿色涂装技术。施工不受环境影响，在−15～60℃可正常施工；聚脲材料对各类底材均具有良好的附着力；该材料防水抗渗

性、耐高温性、抗拉性能、柔韧性、耐磨性优良；耐化学品性能，抗腐蚀（如酸、碱、盐和有机溶剂）性能良好；抗老化性能强，使用寿命长。聚脲方案适用于表面裂缝、浅层裂缝的表面封闭处理，适用于内部封闭后的贯穿性裂缝、深层裂缝的表面密封处理，适用于伸缩缝的处理。

图6.2 手刮聚脲表面封闭处理工艺流程示意图

② 裂缝内部化学灌浆。使用高压灌浆设备将柔性化学浆液灌注到裂缝内部进行封堵止水，采用的化学浆液具有适应裂缝变形的能力。主要工艺流程见图6.3。

图6.3 裂缝内部化学灌浆处理工艺示意图

各主要工艺流程包括：钻孔→埋设注浆嘴→注水→灌浆→封口。

根据灌浆设备、混凝土厚度及灌浆工艺，选择单孔灌浆或不同深度双孔灌浆。

化学灌浆的施工技术要点及参数见图6.4。

化学灌浆的技术要点主要包括：

钻孔。采用钻孔机，在裂缝两侧、垂直裂缝表面走向、与开裂面间夹角小于45°、错位钻孔，钻孔深度为结构厚度的1/3～2/3，钻孔必须穿过裂缝，钻孔与裂缝间距小于结构厚度的1/2。钻孔间距20～60cm。

清理。采用高压水流（0.1MPa）清洗U形槽与注浆孔，清除表面松动颗

图6.4 化学灌浆施工工艺示意图

粒、粉尘，保持表面干净、新鲜、润湿。

埋设注浆嘴。在钻好的孔内安装注浆嘴（注浆嘴总长度8.5cm，外径1.4cm，下部膨胀螺栓部分长度3.4cm），埋入钻孔内深度4cm左右，并用专用内六角扳手拧紧环压螺栓，压缩橡胶套管，使注浆嘴固定在注浆孔内，并与孔壁密贴、无空隙、不漏水。

注水。从最低处观察孔开始依次向上，用高压清洗机以2MPa的压力向注浆嘴内注入洁净水，观察其他注浆孔出水情况。若相邻上部的注浆孔有水涌出，说明该注浆孔与裂缝连通良好。移至涌水注浆孔的邻近上部注浆孔注水，直至全部注浆孔均与裂缝连通良好为止。

灌浆。灌浆顺序为由下向上，单孔逐一连续进行。当相邻灌浆孔开始出浆并且压力达到25MPa后，保持压力2～3min，即可停止该灌浆孔灌浆，移至相邻灌浆孔灌浆，直至最上部位灌浆孔灌浆完成。

拆嘴。灌浆完毕，待浆液终凝，一般灌浆完成24h后，确认不漏即可去掉或敲掉外露的灌浆嘴。清理干净已固化的溢漏出的灌浆液。

封口。用速凝封堵材料进行注浆孔的修补、封口处理。

表面封堵。最后在修补好的裂缝表面填装柔性止水填料、涂刷界面剂、进行表面封堵。

灌浆效果检查。现场采用压气法检查钻孔是否与缝连通，使用压水法检查灌浆效果。

③裂缝外部粘贴碳纤维布加固。碳纤维布加固技术采用同一方向排列的碳纤维织物，在常温下用环氧树脂胶预浸，沿受力方向或垂直于裂缝方向紧密粘贴在需要补强的混凝土结构表面，形成复合材料体，二者作为一个新的整体，使增强贴片与原有的钢筋混凝土共同受力，提高结构的受力性能，提高强度、抗裂性，控制裂缝的继续发展，达到对结构构件补强加固及改善受力性能

的目的。碳纤维布加固技术在土木工程中的应用很广，主要有碳纤维布、碳纤维板、碳纤维型材、短碳纤维等，而当前用量最大和最普遍的是碳纤维布。碳纤维布的抗拉强度为建筑钢材的十倍左右，而弹性模量与钢材相当，某些种类（如高弹性）碳纤维布的弹性模量甚至在钢材的两倍以上，且施工性能和耐久性良好，是一种有效的加固修复材料；配套树脂分为底涂树脂、找平树脂、黏结树脂。配套树脂分别由主剂和固化剂配制而成，分为适合于冬天及夏天使用的冬用型和夏用型。主剂和固化剂分别包装，在现场使用时应按照工艺要求、按照规定的比例混合均匀，以形成所需要的底涂树脂、找平树脂、黏结树脂。采用的树脂胶可深入混凝土中，且具有较高的黏接强度，能有效传递碳纤维与混凝土之间的应力，确保不产生界面黏接剥离现象，耐久性好，施工简便，不增大界面，不改变原建筑外形。

碳纤维布增强复合材料具有轻质高强、抗腐蚀、耐久性好、施工简便、不影响结构的外观等优异特性，该项加固技术较之传统的修复补强施工工艺具有明显的优越性。

碳纤维布施工工艺：

对碳纤维粘贴加固部位进行放线定位：将碳纤维粘贴位置放量到结构物上，通过放线定位确定结构混凝土表面应处理的区域，减少不必要的清基（混凝土表层）工作。

混凝土结构的表面处理：清理混凝土构件表面的疏松、软质、脆裂、松脱等缺陷，要达到表面坚实；构件露筋需作除锈、防锈处理；对混凝土结构产生的裂缝，缝宽小于0.20mm时用环氧树脂涂抹封闭，当缝宽大于0.20mm时用环氧树脂灌缝。被粘贴的混凝土表面应打磨平整，除去表层浮浆、油污等杂质，直至完全露出混凝土结构新面。转角粘贴处应进行导角处理并打磨成圆弧状，圆弧半径不应小于20mm。混凝土表面应清理干净并保持干燥。

配制并涂刷底层胶。按照产品生产厂提供的工艺、A组分和B组分（即底层胶的主剂和固化剂）比例配制底层胶。按照规定比例称量准确后放入容器内，用搅拌器拌合均匀，一次调和量应在可使用时间内用完。用滚筒刷均匀地将底层胶涂刷于混凝土表面，指触干燥后（一般养护3~24h）才能进行下一道工序的施工。底层胶指触干燥或固化后，表面上的凸起部分（一般类似结露的露珠一样）要用砂布或角磨机磨平。

涂刷找平胶。对于小面积的坑坑洼洼，当用混凝土材料不易修补时，应用找平胶抹平，不应有棱角。转角处应用找平胶修复为光滑的圆弧。待找平胶表面指触干燥时即进行下一步工序施工。

涂抹浸渍胶。按照产品生产厂提供的配比和工艺要求进行浸渍胶的配制，调胶使用的工具应为低速搅拌器，搅拌应均匀，无气泡产生，并应防止灰尘等杂质混入。

贴碳纤维布。按照工程加固设计要求的尺寸裁剪碳纤维布。将碳纤维布用手轻压贴于需粘贴的位置，采用专用的滚筒顺纤维方向多次滚压，挤除气泡，使浸渍胶充分浸透碳纤维布，滚压时不得损伤碳纤维布。碳纤维布粘贴好以后，在碳纤维布的表面均匀涂抹浸渍胶。

完工后养护。碳纤维布粘贴施工完成后，应进行养护，保证养护期间温度不低于环氧树脂的允许使用温度，养护期一般在3周左右。

碳纤维布的主要优势有：

材料轻质高强。碳纤维布的抗拉强度比同截面钢材高7～10倍，而结构自重的增加几乎可以忽略。

提高混凝土的抗腐蚀性。碳纤维布与环氧树脂胶结合附于混凝土表面，能有效地防止混凝土和钢筋受酸、碱、盐、水等介质的腐蚀。

耐老化。碳纤维布与环氧树脂胶结材料本身及经其补强的混凝土构件可以长期承受紫外线、核辐射。

耐热性。碳纤维布本身具有非常优异的耐热性能，环氧树脂在接近80℃时才发生软化，所以碳纤维布增强复合材料的耐热温度为80℃，远高于日常温度。

保持结构原状，外形美观。碳纤维布本身很薄，仅有几毫米，因此，不论任何不规则截面，加固后均可保持结构原状，不影响表面装饰。

施工简便、快捷。不需要大型施工机具，施工占用场地少，大多时候可以在生产和设施正常运行的条件下施工，避免停产、停运的困难和损失，而且，一般只需手工操作，施工进度快。

碳纤维布规格选择及设置方案：针对某水库实际情况，经甄选拟采用碳纤维布（C1-200），其力学参数前文已经列出。产品规格为碳纤维布（C1-200）厚度3mm、宽度600mm、长度7500mm的碳纤维布。设置方案为在闸墩检修井上部外侧，每隔2m设置一道，共4道，在检修井变截面处增加一道，共设置5道碳纤维布，如图6.5所示。由于闸墩的对称性，另一侧碳纤维布采取相同的设置方案。

图6.5　CFRP设置

6.1.5　钢纤维混凝土置换阻裂加固方法

在水泥基混凝土中掺入乱向均匀分布的钢制短纤维形成的复合材料，称为钢纤维混凝土。钢纤维混凝土是混凝土阻裂与加固的新型材料，具有很好的抗压强度、抗拉强度（或弯拉强度、弯曲韧度比）、抗冲击、抗疲劳、抗冲磨等性能，广泛适用于对抗拉、抗剪、弯拉强度和抗裂、抗冲击、抗疲劳、抗震、抗爆等性能要求较高工程或其局部部位。

对于钢筋混凝土闸墩运行中发生的裂缝数量较多、宽度较大、深度较大或已经发展成为贯穿裂缝，造成混凝土结构断裂，混凝土内部受力钢筋局部裸露，混凝土裂缝内表面及钢筋裸露面已经发生损伤，并将不断继续发生损伤，危害工程安全情况，如果保留原主体结构的阻裂与加固方法进行处理，无法保证混凝土结构恢复原设计功能及安全运行，应采用部分或全部结构重建的加固处理方法。

某大型水库泄洪闸部分闸墩混凝土结构（溢流堰堰体以上的部分）损伤严重，不宜采用保留原结构的阻裂与加固方法，应采用部分结构重建的阻裂与加固方法。根据调查研究与系列室内试验研究成果，采用将原泄洪闸闸墩溢流堰堰体以上的钢筋混凝土结构置换为相同高度、截面尺寸和设计指标的钢纤维混凝土的阻裂与加固方法，新老混凝土接合面处采用计算确定的锚杆规格和数量进行锚固和连接。锚杆钢筋牌号为HRB400，锚杆直径Φ25，锚杆间距500mm，锚杆长度1000mm（新老混凝土各500mm），锚杆布置形式为梅花形布置，锚杆垂直于新老混凝土结合面，并在结合面辅以涂刷界面处理剂等保证措施。钢纤维混凝土施工配合比及其性能参数按照选定的原材料、施工方法等进行室内优选试验成果确定。

（1）主要材料

钢纤维混凝土置换的阻裂与加固方法主要材料有钢纤维、胶凝材料、骨料、掺合材料等。

① 钢纤维。一般浇筑钢纤维混凝土选用由不锈钢钢丝剪切而成的平直形钢纤维，按照抗拉强度分3个等级，380级（抗拉强度不小于380MPa，小于600MPa）、600级（抗拉强度不小于600MPa，小于1000MPa）和1000级（抗拉强度不小于1000MPa）。钢纤维的长度或标称长度宜为20～60mm，直径或等效直径宜为0.3～0.9mm，长径比宜为30～80，长度和直径的尺寸偏差不应超过±10%。钢纤维抗拉强度要求每批产品随机抽取10根的抗拉强度平均值不得低于该强度等级纤维的规定值，且最小值不低于规定值的90%。钢纤维应能承受一次弯折90°不断裂。钢纤维表面不得粘有油污或其他妨碍钢纤维与水泥基黏结的有害物质。钢纤维内不得混有妨碍水泥硬化的化学成分。钢纤维内含有的因加工造成的黏结连片、表面严重锈蚀的纤维、铁锈粉等杂质的总量，不得超过钢纤维质量的1%。钢纤维混凝土的钢纤维体积率应根据设计要求确定，且不应小于0.35%。

② 骨料。钢纤维混凝土不得采用海砂，采用的粗骨料粒径不宜大于20mm和钢纤维长度的2/3。

③ 钢纤维混凝土配合比。钢纤维混凝土配合比性能要达到设计要求，且水胶比不宜大于0.5。

钢纤维混凝土主要材料及配合比还要符合现行有关行业标准规定。

某大型水库泄洪闸部分闸墩混凝土结构（溢流堰堰体以上的部分）采用钢纤维混凝土置换阻裂与加固方法，经系列室内试验研究，确定所采用的钢纤维混凝土施工配合比及性能参数见表6.2和表6.3。

表6.2　泄洪闸闸墩钢纤维混凝土施工配合比

设计等级	水胶比	砂率/%	各项材料用量/（kg·m⁻³）							
			水泥	粉煤灰	水	砂	石	石	外加剂	钢纤维
C30F100W8	0.40	45	370	40	164	780	478	478	3.69	40

表 6.3 泄洪闸闸墩钢纤维混凝土施工性能参数

设计等级	抗压强度/MPa	抗冻性能/次	抗渗性能	坍落度/mm	含气量/%	初裂强度/MPa	韧度指数 $\eta_{m5}/\eta_{m10}/\eta_{m30}$	抗折强度/MPa	劈拉强度/MPa
CF30F100W8	40.8	F100	W8	171	3.6	3.2	6.08/12.41/31.57	3.76	3.64

（2）主要工艺

根据系列室内试验研究，钢纤维混凝土施工主要工艺要求如下：

①模板支护。钢纤维混凝土浇筑的模板尖角和棱角宜修成圆角，浇筑振捣应避免钢纤维露出构件表面。

②搅拌。钢纤维混凝土施工宜采用机械搅拌，搅拌机一次搅拌量宜为其额定搅拌量的 40%～80%。钢纤维混凝土各种材料质量的称量偏差要求不要超过允许偏差：钢纤维、水泥、混合材、外加剂±2%，粗细骨料±3%，水±1%。搅拌宜优先采用将钢纤维、水泥、粗细骨料优先干拌均匀后加水湿拌的方法，干拌时间不宜少于 3min。

③浇筑。在钢纤维混凝土连续浇筑区域内，浇筑施工过程中不得中断，严禁因拌合料干涩而加水，拌合料从搅拌机卸出到浇筑完毕所用时间不宜多于30min。钢纤维混凝土振捣应采用机械振捣，不得采用人工振捣。振捣除保证混凝土密实，还应保证钢纤维分布均匀。

④质量控制。钢纤维混凝土施工质量控制主要包括：钢纤维质量、钢纤维质量称量偏差、钢纤维体积率、抗压强度、抗拉强度（或弯拉强度、弯曲韧度比）、抗冻性能、抗渗性能等质量与技术指标，均应达到产品标准或设计文件要求。

6.2 钢筋混凝土闸墩碳纤维布阻裂加固数值模拟分析

根据裂缝处理经验和调查研究，针对钢筋混凝土闸墩裂缝属深层或贯穿的活动裂缝的现状以及国内外现有修补材料情况，优选修补加固方法为组合式碳纤维布阻裂与加固方法，即首先选取手刮聚脲进行裂缝表面封闭处理，使裂缝内外分开，具备灌浆条件；然后采用灌筑弹性聚酯树脂类材料进行裂缝内部灌浆，连接裂缝两侧混凝土，封闭裂缝通道，避免水分侵入；再在闸墩表面粘贴碳纤维布进行整体加固，使开裂的钢筋混凝土闸墩结构恢复为整体的处理方案。

6.2.1   基本计算参数与计算模型

闸墩模型采用组合式模型，混凝土采用SOLID65三维实体单元模拟（考虑温度荷载时使用SOLID70热单元），钢筋采用LINK8单元模拟，碳纤维布采用SHELL41薄壳单元模拟。混凝土材料的特性是抗压不抗拉，而钢筋与碳纤维布的特性是抗拉不抗压，计算过程中，几乎可以忽略后两者抗压强度，考虑三种材料的力学参数。

在加固后的闸墩计算中，分析工况同样采用闸墩两侧闸门同时开启至最大位置时闸墩的受力状态。利用ANSYS中的单元生死技术，先将闸墩有限元模型中的竖向裂缝单元杀死，再重新激活为灌浆材料，假设灌浆材料与原有混凝土完美黏结；在闸墩检修井外壁一侧生成碳纤维布的SHELL41单元，使用面耦合的方法，实现碳纤维布与闸墩混凝土的黏结，这里假设CFRP与混凝土完好黏结，不考虑施工误差和黏结胶材的影响。对加固后的有限元模型重新设定划分网格条件，最后所得的有限元模型中，共有120462个单元，109736个节点，见图6.6。

图6.6   有限元网格

6.2.2   力学特性计算分析

采用前节的碳纤维布阻裂与加固技术方法，对阻裂与加固后闸墩的受力状态进行分析，以此来判断阻裂与加固的效果。如果阻裂与加固后的闸墩中不存在超过混凝土抗拉强度的拉应力区，即说明这种阻裂与加固技术方法可以满足要求。

经计算，阻裂与加固后的闸墩第一主应力云图如图6.7所示。从图6.7中可以看出，修补加固后的闸墩大部分区域处于受压状态，最大压应力也远小于混凝土的抗压强度。拉应力主要集中在碳纤维布网格上及检修井周围，并且较大拉应力出现在碳纤维布网格处，最大拉应力数值仅为1.30MPa，远小于碳纤维布的抗拉强度3500MPa，不会引起碳纤维布或混凝土的开裂破坏。检修井井壁混凝土处在受压与受拉边界，数值上小于1.30MPa，小于闸墩混凝土的抗拉强度2.95MPa。从第一主应力云图上看，闸墩采取阻裂与加固措施后，闸墩不能再发生断裂问题。

图6.7 修补加固后的闸墩第一主应力云图

查看阻裂与加固后的闸墩整体Y方向应力云图（见图6.8）。图6.8中可以看出，修补加固后的闸墩整体Y方向应力云图等值线变化趋势与闸墩整体第一主应力云图中的等值线变化趋势基本相同，拉应力出现在检修井周围，并且明显可以看出，第三道网格布所受拉应力值最大，但最大Y方向拉应力也仅为1.24MPa，也远小于碳纤维布的抗拉强度3500MPa和闸墩混凝土的抗拉强度2.95MPa，不会引起混凝土或碳纤维布网格的开裂。

查看阻裂与加固后的检修井井壁处的第一主应力和Y方向应力状态。从局部应力云图6.9和图6.10中可以更明显看出，修补加固后的闸墩原先拉应力集中区的应力传递产生了变化，混凝土所受拉应力明显减小，而拉应力主要是由碳纤维布网格来承担，并且是由五道碳纤维布网格布共同分担，这样大大减弱了闸门开启时传递至检修井井壁处混凝土的拉应力数值，虽然第三、四、五道碳纤维布受到相对较大的拉应力，但是最大拉应力数值还不到1.0MPa，也远

图6.8 闸墩整体 Y 方向应力云图

小于碳纤维布的抗拉强度3500MPa和闸墩混凝土的抗拉强度2.95MPa，可以判定这种情况下闸墩结构不会发生开裂破坏。

图6.9 检修井两侧第一主应力云图

图6.10 检修井两侧 Y 方向应力云图

6.2.3 阻裂与加固效果评估

根据前节对闸墩开裂状态下的裂缝扩展趋势计算和分析，可以看出，如果不对闸墩进行修补加固，其竖向裂缝存在继续扩展的危险，并且会向下部继续延展。在采用前节的手刮聚脲表面封闭、弹性聚氨酯嵌缝灌浆及五道碳纤维布外贴加固后，通过前节的计算分析可以看出，闸墩的整体性得到了有效的恢复，碳纤维布的存在使检修井井壁混凝土不再出现过大的拉应力，这样的闸墩混凝土能够协同工作，因此消除了闸墩裂缝对结构的不利影响，使闸墩整体结构达到稳定要求，原有裂缝不会再继续扩展。采用上述技术方法对闸墩混凝土修补加固后，某水库溢流坝段泄洪闸闸墩可以正常运行，闸墩混凝土及整个大坝的整体性能得到质的改善，对确保工程安全运行起到决定性作用。

6.3 钢筋混凝土闸墩钢纤维混凝土阻裂与加固数值模拟分析

6.3.1 基本计算参数与钢纤维混凝土闸墩模型

闸墩模型采用组合式模型，钢纤维混凝土采用SOLID65三维实体单元模拟（考虑温度荷载时使用SOLID70热单元），钢筋采用LINK8单元模拟。混凝土材料的特性是抗压不抗拉，而钢筋特性是抗拉不抗压，计算过程中，几乎可以忽略钢筋的抗压强度。根据试验研究结果及工程实际配合比应用，查阅有关书籍，确定钢纤维混凝土数值计算参数。闸墩模型同前节。采用组合式模型，最终仍将闸墩划分成39个体，共计113617个单元，61513个节点。见图6.11。

图6.11 闸墩组合模型有限元网格

在采用钢纤维混凝土加固后的闸墩计算中，分析工况同样采用闸墩两侧闸门同时开启至最大位置时闸墩的受力状态。即按照工况二及其荷载组合。

6.3.2 钢纤维混凝土闸墩有限元计算分析

采用前节的钢纤维混凝土置换的阻裂与加固技术方法，对阻裂与加固后闸墩的受力状态进行分析，以此来判断阻裂与加固的效果。如果阻裂与加固后的闸墩中的拉应力区数值均小于钢纤维混凝土允许抗拉强度，即说明这种阻裂与加固技术方法满足要求，闸墩不再发生开裂，达到阻裂与加固效果。

经计算，阻裂与加固后的闸墩第一主应力云图见图6.12。从图6.12中可以看出，采用钢纤维混凝土置换后的闸墩大部分区域处于受压状态，最大压应力0.30MPa，也远小于钢纤维混凝土的抗压强度40.0MPa。拉应力主要集中在牛腿上游侧及检修井周围，最大拉应力数值仅为1.13MPa，小于钢纤维混凝土初裂抗拉强度2.73MPa，不会引起混凝土开裂。检修井井壁混凝土处在受压与受拉边界，数值均小于1.13MPa，也远小于钢纤维混凝土的抗压强度40.0MPa和初裂抗拉强度2.73MPa，不能引起混凝土发生开裂。综上，从闸墩第一主应力云图结果，可以判断混凝土不能发生开裂。

图6.12 修补加固后的闸墩第一主应力云图

图6.13 闸墩整体 Y 方向应力云图

查看阻裂与加固后的闸墩整体 Y 方向应力云图（见图6.13）。图6.13中可以看出，采用钢纤维混凝土置换后的闸墩整体 Y 方向应力云图等值线变化趋势与闸墩整体第一主应力云图中的等值线变化趋势基本相同，拉应力出现在检修井两侧井壁，最大 Y 方向拉应力仅为1.06MPa，小于钢纤维混凝土初裂抗拉强度2.73MPa，不会引起混凝土开裂。综上所述，从闸墩整体 Y 方向应力云图结果，可以判断混凝土不能发生开裂。

查看阻裂与加固后的闸墩检修井井壁处的第一主应力、Y 方向应力状态，见图6.14，图6.15。从局部应力云图6.14和图6.15中可以看出，采用钢纤维混凝土置换后，闸墩整体受拉区仍为检修井两侧井壁处。检修井井壁处的第一主应力图、Y 方向应力图上的最大拉应力值分别仅为0.74MPa和0.62MPa，远小于钢纤维混凝土初裂抗拉强度2.73MPa。综上所述，从闸墩检修井井壁处的第一主应力图、Y 方向应力图结果，可以判断混凝土不能发生开裂。故可以判断原钢筋混凝土闸墩采用钢纤维混凝土置换加固后不会发生开裂破坏，恢复结构安全状态。

图6.14　检修井两侧第一主应力应力云图　　图6.15　检修井两侧Y方向应力云图

6.4　研究结论

本章主要论述钢筋混凝土闸墩裂缝阻裂与加固方法及其数值模拟。钢筋混凝土闸墩裂缝阻裂与加固方法是在充分诊断分析裂缝数量、分布、产生原因、性质、结构应力状态以及阻裂与加固材料基本性能试验研究基础上提出的。根据闸墩混凝土裂缝现状，研究提出两种阻裂与加固方法即碳纤维布阻裂与加固方法和钢纤维混凝土置换式阻裂与加固方法。模拟应用于背景工程的两种不同破坏程度的闸墩工程阻裂加固，并进行阻裂加固数值模拟计算分析与应用运行效果分析，验证钢筋混凝土闸墩阻裂加固实体工程应用的适宜性和合理性。主要研究结果如下：

①方法1：碳纤维布阻裂与加固方法，即手刮聚脲裂缝表面封闭，弹性聚酯树脂类材料缝内灌浆，表面粘贴碳纤维布整体加固。碳纤维布（C1-200）厚度3mm、宽度600mm、长度7500mm。背景工程模拟阻裂加固中采用在闸墩检修井上部外侧，竖向每隔2m设置一道，在检修井变截面处增加一道，共设置5道碳纤维布。因闸墩的对称性，闸墩另一侧采取相同的阻裂与加固方法。该方法适用于闸墩混凝土裂缝程度较轻的情况，加固后可继续发挥功能作用，能够保证工程安全运行。

②方法2：钢纤维混凝土置换方法，即将原闸墩混凝土结构（溢流堰堰体以上的部分）全部拆除，重新浇筑相同高度、截面尺寸和设计指标的钢纤维混凝土。钢纤维混凝土施工配合比及其性能参数按照选定的原材料、施工方法等进行室内优选试验成果确定。背景工程模拟阻裂加固中采用C30F100W8等级

钢纤维混凝土。该方法适用于混凝土裂缝比较严重，无法继续发挥作用或无法保证工程安全的情况。

③ 在对背景工程钢筋混凝土闸墩裂缝采用两种阻裂与加固方法模拟处理后，按照最不利工况，进行有限元模型计算分析。采用方法1后，混凝土闸墩应力得到重新分布，原混凝土承担的较大拉应力传递给碳纤维布承担，并且拉应力小于碳纤维布的允许拉应力；采用方法2后，原混凝土承担的较大拉应力由新浇筑的钢纤维混凝土承担，并且拉应力小于钢纤维混凝土的允许拉应力。

④ 针对依托背景工程，钢筋混凝土闸墩裂缝发展得到有效控制，恢复原功能和安全稳定状态，新结构不再发生裂缝。经过以上技术方法对闸墩修补加固之后，某水库溢流坝段可以正常安全运行，继续发挥确保大坝安全泄洪的重要作用。上述阻裂与加固方法对类似工程具有借鉴和指导意义。

7 钢筋混凝土闸墩断裂加固实例工程

本章主要依据钢筋混凝土闸墩阻裂加固方法与数值模拟成果，开展钢筋混凝土闸墩阻裂加固技术典型实例工程——辽宁省某水库除险加固闸墩钢纤维混凝土阻裂加固方法应用，某拦河闸枢纽闸墩钢纤维混凝土阻裂加固方法应用，辽绕闸站闸墩工程碳纤维布阻裂加固方法应用，深入验证钢筋混凝土闸墩阻裂加固实体工程应用的适宜性和合理性。

7.1 某水库除险加固闸墩钢纤维混凝土应用

某水库位于辽宁省东部地区，是一座以工农业供水为主，兼有防洪、发电、水产养殖等综合利用的水库。所在河流流域面积478.85km²，河长37.4km，河道平均比降4.61‰，坝址以上河道长30.13km，控制流域面积176.77km²，占整个流域面积的35.29%。水库下游分布有城镇及其辖属村镇，同时有铁路、公路沿下游通过。涉及人口近10万，耕地近4万亩，2006年工农业总产值近30亿元，其中工业产值近20亿元，农业产值超过2亿元。

图7.1 某水库溢洪道

水库位置十分重要，该水库的安全运行，对下游城镇乃至本地区的国民经济发展起着至关重要的作用（见图7.1）。

7.1.1　工程背景

该水库工程于1977年开工建设，1991年全部完工并投入运行。该水库是一座以工农业供水为主，兼有防洪、发电、水产养殖等综合利用的水库，现状水库总库容为$7661×10^4m^3$，兴利库容为$5500×10^4m^3$，调洪库容为$2700×10^4m^3$，共用库容$560×10^4m^3$。根据《水利水电工程等级划分及洪水标准》（SL 252—2000）规定，该水库工程属于中型水库，水库现状工程规模为：工程等别为Ⅲ等，主要建筑物级别为3级。水库的设计标准为100年一遇，校核标准为2000年一遇。水库设计正常蓄水位372.1m，相应库容$5700×10^4m^3$；死水位341.0m，相应库容为$200×10^4m^3$；设计洪水位374.26m，相应库容为$6589×10^4m^3$；校核洪水位376.77m，相应库容为$7661×10^4m^3$。该水库的枢纽工程主要由混凝土面板堆石坝、河岸式有闸正堰溢洪道、有压泄洪输水洞及电站组成。

① 拦河坝坝型为混凝土面板堆石坝，坝顶高程为379.0m，最大坝高58.5m，最大坝底宽168.45m。大坝迎水坡坡比为1∶1.4，背水坡坡比为1∶1.3，背水坡设有"之"字型上坝公路，路面宽8m。大坝顶宽6m，长度为218.93m。

② 溢洪道设在大坝左侧，由进口段、控制段、陡槽段、挑坎段组成。控制段长17.0m，堰体为实用堰，堰顶高程为368.0m，闸室净宽24m，设有弧型钢闸门8m×5.5m三扇，2×16t启闭机三台，溢洪道上设有工作桥。陡槽段长57.0m，泄流净宽27.0m，坡度为0.334。挑坎段长13.65m，采用连续式挑坎，反弧半径为15m、挑射角25°、反弧的最低点高程343.166m、鼻坎最高点高程343.566m。

③ 泄洪输水洞位于大坝左侧溢洪道右侧，坝与溢洪道之间，隧洞洞径3.0m，进口高程328.0m，进口设有启闭塔，塔前设有拦污栅、平板钢闸门，洞长217.6m。隧洞出口设有闸门室，内设弧型钢闸门一扇，液压启闭机启闭，出口底高程327.0m。

闸墩存在的主要问题：闸墩混凝土表面普遍发生碳化，碳化深度达到22～47mm，水位变化区及以下普遍发生剥蚀，剥蚀面积占比达到76%，最大剥蚀深度达到38mm，各闸墩均发生多条竖向和斜向裂缝，主要分布在牛腿至上游4.50m范围内，裂缝数量9～16条，裂缝最大宽度为0.4～2.6mm，共有11条裂缝从闸墩顶开裂一直延伸至闸墩与堰顶结合处，并有多处发生渗漏，裂缝表面有白色析出物，冬季部分裂缝渗水在表面结冰，严重危及工程安全。

7.1.2 溢洪道工程加固方案

① 溢洪道的导流墙高程373.1m以下迎水面根据保护层的厚度，凿除10cm厚现状混凝土，然后再用钢纤维混凝土回填，抹完后的结构外轮廓尺寸不小于原设计。钢纤维混凝土的结构做法为，先在凿除面层后的混凝土表面喷4cm厚的C25素混凝土，然后再喷4cm厚的钢纤维混凝土，最后用C30的混凝土砂浆找平。堰面、泄槽底板迎水面混凝土凿除20cm厚原状混凝土，清除原面层钢筋，然后重新布设面层钢筋，并重新浇筑混凝土，混凝土标号为C30F100W8，要求钢筋型号和数量不低于原设计。为了加强新老混凝土的结合，在老混凝土内种植插筋，插筋为Φ16@500mm梅花形布置，并在老混凝土结合面刷一层双组分固化界面胶。在原结构表面裂缝部位，以裂缝为中心在钢筋上沿缝走向焊接钢筋网片，网片尺寸规格为Φ5@50mm。原结构伸缩缝缝内采用沥青浸渍硬木板。

② 控制段的边墩和中墩凿除至与堰体衔接面处，衔接面清除干净。在衔接面植筋，Φ16@500mm梅花形布置，并在衔接面刷一层双组分固化界面胶。之后浇筑等截面的钢纤维混凝土，混凝土设计等级及配筋按照原结构设计进行。

③ 对溢洪道控制段和左边墩与堰体接触部位进行帷幕灌浆，灌浆孔为一排，孔距取1.5m，孔深与原设计相同取20m。灌浆位置在原帷幕线上游2.0m处，灌浆范围为溢洪道控制段和左边墩外沿原帷幕灌浆走向。新灌浆帷幕与原灌浆帷幕在始末端相接，对挑坎以下基础进行固结灌浆，并对挑坎下悬空部分采用C25混凝土回填。

④ 对溢洪道左岸山体进行削坡处理，削坡后的坡比在控制段为1：0.5，控制段以下削坡坡比为1：0.75；对无法削坡的大块危岩采用锚杆加固。削坡后对新鲜岩面进行喷锚处理，喷C25混凝土厚度为10cm，钢筋网尺寸为φ8@200mm，锚杆为Φ20@2000mm，深入稳定岩石2.0m。最后对边坡采用三维排水柔性生态边坡护砌，并在边坡表面种植草本和木本植物进行绿化，使得加固措施效果与周边环境协调。三维柔性生态边坡是集土木工程结构、绿化、环保、节能降耗于一体，由具备特殊功能及特定技术参数要求的结构组件构成。组件主要包括：生态袋、扎口带、缝袋线及满足多向排水功能与强度要求的网

肋型联结扣等。生态袋以聚丙烯为主要原料,具有抗紫外线辐射、抗酸碱盐、抗微生物侵蚀等功能。采用无纺针刺工艺经单面烧结制成。对植物非常友善,透水不透土。其力学参数相当于纵向 5.81kN/m,横向 7.24kN/m,CBR 顶破强力 1458N,等效孔径为 0.20mm,垂直渗透系数为 $1.72×10^{-1}$。将生态袋单体砌合联结成一体就成为了一个结构稳定的整体护坡结构,再在上面种上绿色的草本和木本植物就成为了一个环保绿色边坡。

⑤ 清除挑坎下破碎风化的岩体至新鲜岩面,在挑坎下浇筑钢筋混凝土护坦,护坦厚度水平段为 0.5m,斜坡段为 0.5m,混凝土护坦与基础岩体通过锚筋连接在一起。混凝土标号为 C30F100W8,锚筋为 Φ25@1500mm(梅花形布置),伸入稳定基岩 3.0m。为确保挑坎段下游底板混凝土与岩体基础接触密实,对该段进行固结灌浆,固结灌浆孔距和排距为 3.0m、孔深 5.0m,梅花形布置。为了防止护坦后水压过大,影响护坦稳定,在护坦上设排水孔,排水孔采用 φ100mm(PVC 材质),并设土工布反滤,排水孔间距为 2.0m,梅花形布置。

⑥ 左岸进口导流墙园弧半径为 25.0m,圆心角为 41°,导流墙与 372.0m 高程以下部分采用钢筋混凝土衬砌,以上则接以锚杆式挡土墙,墙顶高程 378.4m,从 6.11m 至尾端的 11.78m 墙段,墙顶高程随地形逐渐降低,末端墙顶高程为 364.0m。左岸进口导流墙为锚杆挡土墙,由钢筋混凝土壁板及锚杆组成,面板顶宽为 0.5m,最大高度为 16.4m。锚杆为 φ25(A3)钢筋,纵横向间距均为 2.0m。建基面高程为 362.0m。

7.1.3 闸墩钢纤维混凝土工程应用

(1)主要材料

① 工程所用的钢纤维是由鞍山市昌宏钢纤维有限公司生产的超细型钢纤维。等效直径 0.4mm,长度 26mm,长径比 60,抗拉强度不小于 600MPa,材质72A。

② 水泥为浑河牌 P.O42.5。

③ 粉煤灰为抚顺荣信粉煤灰厂的 I 级粉煤灰。

④ 细骨料为抚顺章京 12 号料场的天然河砂。粗骨料为抚顺章京 12 号料场卵石,二级配(5~10mm,10~20mm)。

⑤ 外加剂为上海麦斯特高效减水剂(聚羧酸盐类)。

（2）闸墩混凝土结构设计图

闸墩混凝土立面及剖面结构设计见图7.2。钢纤维混凝土浇筑工程量累计952m³，主要材料包括P.O42.5级水泥352t，Ⅰ级粉煤灰38t，河砂300m³，5~10mm石290m³，10~20mm石290m³，外加剂3t，钢纤维38t。施工方法采用泵送混凝土施工。

图7.2 某水库除险加固工程闸墩设计立面图及剖面结构图

（3）闸墩混凝土配合比设计参数

闸墩钢纤维混凝土施工配合比及性能参数见表7.1和表7.2。

表7.1 闸墩钢纤维混凝土施工配合比

设计等级	水胶比	砂率/%	各项材料用量/（kg·m⁻³）							
			水泥	粉煤灰	水	砂	5~10mm石	10~20mm石	外加剂	钢纤维
C30F100W8	0.40	45	370	40	164	780	478	478	3.28	40

表7.2 闸墩钢纤维混凝土施工配合比性能参数

设计等级	抗压强度/MPa	抗冻性能/次	抗渗性能	坍落度/mm	含气量/%	初裂强度/MPa	韧度指数 $\eta_{m5}/\eta_{m10}/\eta_{m30}$	抗折强度/MPa	劈拉强度/MPa
CF30F100W8	38.7	F100	W8	203	5.5	2.8	6.38/13.28/32.57	3.41	3.45

7.1.4 运行效果分析

闸墩采用钢纤维混凝土进行加固处理后，一直进行跟踪检查和定期检测，闸门启闭运行良好，未见卡阻现象，各闸墩钢纤维混凝土表面均未发现裂缝，采用探地雷达法对闸墩钢纤维混凝土内部进行定期探测，也未发现裂缝。现状见图7.3和图7.4。

图7.3 溢洪道闸墩全貌

图7.4 溢洪道闸墩侧面

7.2 某拦河闸枢纽闸墩钢纤维混凝土应用

浑河是辽河的一大支流，发源于长白山余脉滚马岭，由东北向西南流经抚顺、沈阳等地，在三岔河与太子河汇合注入大辽河，在营口入渤海。浑河全长364km，流域面积11805km²，大伙房以上河长169km，控制流域面积5437km²，占全流域面积47.4%。某拦河闸枢纽区间流域面积为2482km²，是由山区至平原的渐变段。

7.2.1 工程背景

某拦河闸位于浑河上，是所属城市防洪的出口控制断面，担负着所属城市的防洪任务，是浑河沿线城市防洪体系的一个重要组成部分。同时该闸也是下游灌溉用水控制工程，担负着下游多个县（市、区）农田灌溉任务，设计灌溉面积和现有灌溉面积近百万亩。该闸多年平均供水量近 $20×10^8m^3$。近年来由于河道下切及2005年大洪水，造成消力池破坏严重，2005年开始新建了两级跌水消力池及防淘齿墙。2006年汛前完成。该闸为宽顶堰，孔高8.2m、宽10m，共22孔。闸底板高程31.5m，闸总宽257.4m。闸门型式为弧形钢闸门，闸门高4m，宽10.0m，单扇闸门质量7.7t。采用一门一机固定卷扬式启闭机，启闭力为2×50kN。该闸设计洪水标准为50年一遇，设计流量为4174m³/s，校核洪水标准为200年一遇，校核过闸流量5176m³/s。

闸墩存在的主要问题：拦河闸病险严重。闸门封水压板锈蚀镂空、部分螺栓锈断；启闭机开关柜老化陈旧、闸门开关损坏、配电柜锈蚀、所有手动启闭机装置均失灵；闸墩等混凝土冻融老化，平均碳化深度达到27~55mm；剥蚀露筋严重，水位变化区及以下普遍发生剥蚀，剥蚀面积占比达到64%，最大剥蚀深度达到42mm；裂缝破损严重，各闸墩均发生多条竖向和斜向裂缝，主要分布在牛腿至上游3.10m范围内，每个闸墩裂缝数量为7~11条，裂缝最大宽度为0.3~1.4mm。存在上述问题使拦河闸不能满足工程安全运行要求。

7.2.2 闸墩工程加固方案

通过从地形、工程布置、工程量、施工、投资等方面比较分析，经多次论证，从投资、施工风险、运行管理等多方面考虑，推荐方案为工程前移25.0m，22孔拦河闸，底板顶高程30.5m。

（1）主要建筑物布置

拦河闸闸室段向上游平行移动25m，分别布置有水平铺盖、闸室段、一级水消力池护坦、陡槽段、二级消力池、二级消力池护坦、三级消力池、四级消力池及抛石防冲槽，全长共计212.6m、整个闸室宽258.10m。在闸室段上设检修桥、工作桥、排架、启闭机房和交通桥。水平铺盖分为混凝土长30.0m，铺盖厚0.70m，宽258.10m，顶高程30.5m。22孔拦河闸为无底坎式平底宽顶堰，堰顶高程为30.5m，每孔宽9.6m，二孔一联（宽23.43m）共计11联，设有中墩（厚1.8m）和缝墩（2.4m），缝墩缝宽30mm。底板顺水流向长20.0m，厚1.50m，上、下游设有抗滑齿。闸墩长19.7m，闸墩上游侧顶高程39.14m，下游墩顶高程38.78m。墩顶设检修桥、工作桥、排架、启闭机房和交通桥，检修桥为四根预制空心板，一根1.14m宽、二根为1.0m宽、一根为1.48m宽，检修桥顶面高程39.14m、梁高0.68m；工作桥桥顶面高程47.84m；交通桥为六根预制空心板，桥面净宽6.0m，总宽7.54m，设桥面铺装层，桥顶面高程39.78m、梁高0.68m。交通桥左右两侧采用长90m，宽9.0m混凝土路与沈大高速公路复线相接。启闭机排架顶高程为48.0m，中间设有圈梁。每孔上设有四根柱、二根主梁、四根次梁和圈梁。柱子断面尺寸为$\varphi1.0$m、高7.8m；主梁断面尺寸为0.4m$\times1.0$m；次梁断面尺寸为0.4m$\times0.8$m；圈梁断面尺寸为0.4m$\times0.8$m；闸室下游修建25m长水平护坦与一级消力池连接，厚1.0m，宽257.87m，顶高程30.5m。对拦河闸上、下游左右岸衔接段各700m长进行防护。

（2）闸室段设计方案

底板顶高程为30.5m。修建新的上游铺盖、闸底板、闸墩、闸室上部结构。上游混凝土铺盖长为30.0m。闸室底板水平，长20.0m，厚1.5m，顶高程30.5m。中墩厚1.8m，缝墩厚2.43m，其中缝宽30mm，闸墩长19.7m，上游墩顶高程39.14m，下游墩顶高程38.78m，闸墩两端用圆弧连接。闸墩采用钢纤维混凝土浇筑。启闭机室下排架底高程39.14m，顶高程47.84m，排架总高度8.7m。排架柱断面$\varphi1000$mm，排架横梁断面400mm$\times$800mm，排架纵梁断面400mm$\times$1000mm。在43.49m高程设一道联系梁，联系梁断面400mm$\times$800mm。楼板厚200mm。

7.2.3 闸墩钢纤维混凝土工程应用

（1）主要材料

①工程所用的钢纤维是由鞍山市昌宏钢纤维有限公司生产的超细型钢纤维。等效直径0.4mm，长度26mm，长径比60，抗拉强度不小于600MPa，材质72A。

②水泥为长白山牌P.O42.5。

③粉煤灰为沈海热电厂的Ⅰ级粉煤灰。

④细骨料为抚顺章京12号料场的天然河砂。粗骨料为抚顺章京12号料场的卵石，二级配（5～10mm，10～20mm）。

⑤外加剂为河南巩义跨越2000型高效减水剂（聚羧酸盐类）。施工采用泵送混凝土施工方法。

（2）闸墩混凝土结构设计图

闸墩混凝土立面及剖面结构设计见图7.5。

图7.5　枢纽工程闸墩设计立面图及剖面结构图（单位：mm）

钢纤维混凝土浇筑工程量累计3916m³，主要材料包括P.O42.5级水泥1449t，Ⅰ级粉煤灰157t，河砂1222m³，5～10mm石720m³，10～20mm石720m³，外加剂15t，钢纤维157t。施工方法采用泵送混凝土施工。

（3）闸墩混凝土配合比设计参数

闸墩钢纤维混凝土施工配合比及性能参数见表7.3和表7.4。

表7.3 闸墩钢纤维混凝土施工配合比

设计等级	水灰比	砂率/%	各项材料用量/（kg·m⁻³）							
			水泥	粉煤灰	水	砂	5～10mm石	10～20mm石	外加剂	钢纤维
CF30F100W8	0.40	45	370	40	164	780	478	478	3.69	40

表7.4 闸墩钢纤维混凝土施工配合比性能参数

设计等级	抗压强度/MPa	抗冻性能/次	抗渗性能	坍落度/mm	含气量/%	初裂强度/MPa	韧度指数 $\eta_{m5}/\eta_{m10}/\eta_{m30}$	抗折强度/MPa	劈拉强度/MPa
CF30F100W8	40.8	F100	W8	171	3.6	3.2	6.08/12.41/31.57	3.76	3.64

7.2.4 运行效果分析

　　闸墩采用钢纤维混凝土进行加固处理后，一直进行跟踪检查和定期检测，闸门启闭运行良好，未见卡阻现象，各闸墩钢纤维混凝土表面均未发现裂缝，采用探地雷达法对闸墩钢纤维混凝土内部进行定期探测，也未发现裂缝。现状见图7.6和图7.7。

图7.6 拦河闸闸墩侧面

图7.7 拦河闸闸墩全貌

7.3　辽绕闸站闸墩碳纤维布加固应用

　　鞍山市辽绕闸站工程位于辽宁省中部鞍山市台安县境内，地处下辽河平原腹地，属辽河冲积平原，地势平坦，多水无山，低洼易涝。项目区属暖温带大陆性季风气候，多年平均降水量644.5mm，全年降水量多分布在7，8，9三个月，而且暴雨也多发生在这个时期。每到汛期，地下水位接近地表，加之上游的客水大量下泄，县内积水因外水顶托不能畅排。1949年至排水站修建前，仅有1951年和1958年没有发生涝灾，且有8年内涝成灾面积达到总耕地面积的20%以上，大雨大灾，小雨小灾，有雨就有灾，"九河下梢，十年九涝"因此而得名。

7.3.1　工程背景

　　鞍山市辽绕闸站工程位于辽绕运河右岸、旧绕阳河右岸、丁家排干右岸、小柳河左右岸，由31座闸站组成，共装机171台，总装机功率19205kW，设计流量258.3m³/s，控制流域面积939.79km²，设计灌溉面积4.48万亩，有效灌溉面积2.3万亩，排涝受益耕地面积70.47万亩。每座闸站工程设钢筋混凝土闸墩12~28个，闸墩间距为4~6m，闸墩为圆柱或正方形棱柱体，直径或边长为0.8~1.4m，闸墩高度为4.5~6.5m。闸墩下部坐落在闸站底板上，上部支撑着闸站工程的闸室及其内部设施。闸墩是闸站工程的主要组成部分，直接关系到工程整体安全与稳定性。闸墩存在的主要问题：闸墩混凝土冻融老化，平均碳化深度达到31~45mm；剥蚀露筋严重，水位变化区及以下普遍发生剥蚀，剥蚀面积占比达到71%，最大剥蚀深度达到46mm；裂缝破损严重，各闸墩均发生2~3条竖向和斜向裂缝，裂缝最大宽度为0.3~1.5mm。由于上述问题闸站工程不能满足工程安全运行要求。泵站引渠现状为土质渠道，两侧杂草丛生，渠坡坍塌严重；进口检修桥破损严重，混凝土老化，露筋，排架钢筋网大面积外露，混凝土脱落，混凝土顺筋裂缝遍布；出水池海漫段水位变化区破坏严重，末端有冲坑；进水池两侧缺少防护，存在安全隐患；泵房和管理房内外墙面老化，均有不同程度的损坏；管理房屋顶漏水，管理房门窗损坏（见图7.8）。

图7.8 泵站结构破坏损坏情况

7.3.2 闸墩加固方案

（1）钢筋锈蚀及混凝土剥蚀脱落修补处理

① 在缺陷部位周边区域外延10cm作为处理范围，在破损处，凿除松动混凝土层，露出新鲜结实的混凝土层。使用开槽机在混凝土处理范围边缘开收边槽，收边槽形式为内宽外窄，开槽深度大于该处破损厚度，收边槽槽底深入凿毛后的混凝土2cm。② 对于混凝土剥蚀或凹坑深度大于5cm，且破损面积大于0.3m²的较重部位，应布置直径大于8mm、锚固深度大于20cm的锚固筋，锚筋间距10cm，锚筋上部为U形弯起。同时，在锚筋上面绑扎固定防锈钢丝网。使用化学锚固剂或者无机锚固剂将锚筋固定，防锈钢丝网的布设深度为填充层表面以下5cm，钢丝网外缘距离收边槽距离小于3cm。③ 使用高压水或高压空气将凿毛后的混凝土表面清理干净，再晾干。④ 对原有钢筋外露部位进行除锈，再采用化学材料涂覆方法进行阻锈处理。⑤ 在混凝土表面涂界面剂，提高混凝土与加固材料间的黏接强度。界面剂要涂刷均匀，无漏涂、尽量薄涂，涂刷时界面要保持潮湿但无明水。⑥ 在涂刷界面剂30min后均匀抹聚合物砂浆

（聚合物砂浆里可适量添加直径20cm以下的细石子作为骨料），表面平整，保持与原表面齐平，潮湿养护20d以上。

（2）化学灌浆

① 使用高压灌浆设备将柔性化学浆液灌注到裂缝内部进行封堵止水。化学浆液为遇水膨胀型的聚氨酯柔性材料，固结后的弹性体能够较好地填充裂缝内部空间。化学灌浆施工的工艺流程为：施工准备、查缝定位、布孔、钻孔、钻孔清理、安装检查嘴、压水、压气检查、安装灌浆嘴、裂缝表面临时性封堵、浆液配制、灌注浆液、质量检查（压水检测、取芯检测）、去除表面临时性封堵并打磨混凝土表面至平整。② 主要技术参数。孔径：14mm；钻孔深度：30~50cm；钻孔角度：最小30°，最大45°；钻孔间距：10~60cm；灌浆压力：最低0.3MPa，最高0.5MPa（裂缝内部压力）；稳压时间：不少于10min，个别部位需要不少于30min。③ 引排、导流：对于有明显渗水和明流出口的区域，应进行适当导流。临时性导流可以采用适当直径的软塑料管+渗流处封堵来引排，以保持工作面干燥，可进行其他作业。永久性导流也可以采用适当直径的软塑料管+渗流处封堵+其他材料回填+表面封闭来进行引流。塑料管的直径和外露长度依据现场条件确定。

（3）浸渍密封处理

基面清理、混凝土表面缺陷填补、轻度打磨、刮涂或者喷涂有机硅类或硅烷类浸渍剂，然后自然空气中养护24h以上。

（4）表面封闭（表面防护）

① 裂缝表面采用手刮聚脲粘贴处。② 主要技术参数：表面打磨平均深度为2~2.5mm，打磨后表面保持平整、洁净；处理表面均匀涂刷界面剂；界面剂晾干至不粘手，涂刷手刮聚脲；固化后的手刮聚脲涂膜平均厚度不小于2mm，一般性裂缝开口部位表面涂膜厚度在3~4mm，聚脲涂刮宽度不小于20cm，聚脲涂层边缘与裂缝缝口距离不小于10cm。

（5）粘贴碳纤维布

在闸墩表面粘贴碳纤维布，方法同前。

7.3.3　闸墩碳纤维布加固工程应用

（1）主要材料

选用上海妙翰建筑科技有限公司生产的MH-碳纤维布及MH-碳纤维浸渍

胶产品。MH-碳纤维布的规格选用CFF-Ⅰ-200-600-GB/T 21490—2008，即单位面积质量为200g/m²，宽度为600mm，按照GB/T 21490—2008《结构加固修复用碳纤维片材》标准生产的Ⅰ级碳纤维布。产品货号为MH-碳纤维布200-Ⅰ，幅宽600mm。MH-碳纤维浸渍胶系A，B双组份改性环氧类胶黏剂，有MH-底胶、MH-修补胶、MH-浸渍胶组成，是MH-碳纤维布加固的配套专用胶，三种胶分别用于加固施工的底层涂刷、找平涂刷和浸渍涂刷工序中。

（2）闸墩混凝土结构设计图

闸墩混凝土加固设计立面及剖面结构见图7.9。闸墩混凝土加固面积累计1100m²，主要材料包括碳纤维布22卷，底胶50桶，修补胶30桶，浸渍胶50桶。

图7.9　辽绕泵站工程闸墩设计立面图及剖面结构图（单位：mm）

7.3.4　运行效果分析

闸墩采用碳纤维布进行加固处理后，一直进行跟踪检查和定期检测，各闸墩混凝土表面均未发现裂缝，采用探地雷达法对闸墩混凝土内部进行定期探测，也未发现裂缝。加固施工过程见图7.10和图7.11，加固后运行情况见图7.12～图7.14。

图 7.10　圆柱体闸墩加固过程

图 7.11　棱柱体闸墩加固过程

图 7.12　圆柱体闸墩加固后运行情况（一）

图 7.13　棱柱体和圆柱体闸墩加固后运行情况

图7.14　圆柱体闸墩加固后运行情况（二）

7.4　研究结论

本章主要论述了实例工程混凝土断裂加固方案，钢纤维混凝土和碳纤维布阻裂与加固实例工程应用分析。根据实例工程安全检测与鉴定结论，研究提出各部位混凝土断裂加固方案；钢纤维混凝土置换阻裂与加固方法给出2个实例（应用部位均为闸墩）；碳纤维布阻裂与加固方法给出1个实例（2个应用部位，分别是圆柱形闸墩和棱柱形闸墩）。各实例工程加固后都进行了运行质量跟踪观测，结果良好。各混凝土断裂阻裂加固方法可供类似工程借鉴和参考。主要研究成果如下：

① 针对实例工程的钢筋混凝土闸墩开裂破坏程度，研究确定两种阻裂与加固方法，即方法1：碳纤维布阻裂与加固方法（手刮聚脲裂缝表面封闭，弹性聚酯树脂类材料缝内灌浆，表面粘贴碳纤维布整体加固）和方法2：钢纤维混凝土置换方法（将原闸墩混凝土结构（溢流堰堰体以上的部分）全部拆除，重新浇筑相同高度、截面尺寸和设计指标的钢纤维混凝土）。

② 应用超细型钢纤维（等效直径0.4mm，长度26mm，长径比60，抗拉强度 ≥ 600MPa，材质72A）混凝土进行2处工程、27个闸墩加固，累计浇筑钢纤维混凝土2401m³。闸墩加固工程运行以来，启闭平稳，闸墩内部及牛腿结构表面未见异常，加固方法效果良好。

③ 应用MH-碳纤维布（CFF-Ⅰ-200-600-GB/T 21490—2008，即单位面积质量为200g/m²，宽度为600mm，按照GB/T 21490—2008《结构加固修复用碳纤维片材》标准生产的Ⅰ级碳纤维布）及MH-碳纤维浸渍胶系A，B双组份

改性环氧类胶黏剂（MH-底胶、MH-修补胶、MH-浸渍胶）进行闸墩加固，恢复结构安全，运行中未发现异常，效果良好。上述各种阻裂与加固方法对类似工程具有借鉴和指导意义。

8 理论研究与实践结论

本书以某水库钢筋混凝土泄洪闸墩为工程背景，通过长期现场调查研究，综合分析了混凝土裂缝危害性、抗裂性，混凝土裂缝修补加固方法与技术，混凝土断裂特性理论及其改进措施分析以及混凝土裂缝分类，诊断方法及典型工程裂缝诊断分析，应用断裂力学理论及相关强度理论对泄洪闸墩多种运行工况进行了三维有限元数值分析，开展了钢纤维及碳纤维布抗裂性能试验分析、混凝土阻裂与加固方法与技术研究、阻裂与加固效果数值计算分析、工程应用分析等研究工作，取得了混凝土裂缝属性适宜诊断方法和典型工程诊断方案、混凝土结构断裂特性理论分析、混凝土抗裂性加固材料试验分析、混凝土泄洪墩裂缝有限元数值分析、混凝土裂缝加固方法与技术研究成果，具有工程参考价值。

8.1 主要理论研究与实践结论

① 根据混凝土断裂力学理论及纤维阻裂理论分析，结合闸墩混凝土工程断裂实际问题，提出改进混凝土断裂特性的措施，即材料措施和加固措施，指导工程实践应用。

② 钢筋混凝土闸墩裂缝的发生、发展，将不断削弱闸墩的承载能力，危及工程安全运行。混凝土裂缝属性主要有裂缝的长度、宽度和深度及走向。结合工程实际问题研究制定了诊断及检测方案，经实践检验并完善，验证技术可行，设备选型科学合理，可供类似工程借鉴，具有实际指导作用。诊断及检测取得的数据为工程安全性评价计算分析、数值计算分析和加固处理提供基础依据，为结构有限元计算成果验证提供基础数据。

③ 在分析基础上，利用 ANSYS 软件、采用组合式有限元计算模型，分别

考虑4种工况荷载组合对工程实例的钢筋混凝土闸墩裂缝问题进行数值计算分析。模型计算的结构拉应力分布区域的结果,与工程实际发生开裂位置基本吻合,为判断裂缝主要成因、裂缝位置、开裂趋势提供理论计算依据。闸墩裂缝的主要成因是闸门开启至最大位置时,检修井井壁所受拉应力超过混凝土的允许抗拉强度;静水荷载、温度荷载对闸墩开裂构成一定威胁,但不是主要因素。闸墩模型数值计算结果,为混凝土结构工程安全分析、判断应力危险区域及制定混凝土结构修补加固方法和技术方案提供理论依据。

④ 在充分诊断分析裂缝数量、分布、产生原因、性质、结构应力状态以及阻裂与加固材料基本性能试验研究基础上,研究提出两种阻裂与加固方法。针对混凝土开裂程度较轻且混凝土有利用价值的方法1:碳纤维布阻裂与加固方法,即手刮聚脲裂缝表面封闭,弹性聚酯树脂类材料缝内灌浆,表面粘贴碳纤维布(其具体技术指标可结合工程实际及加固设计确定)整体加固;针对混凝土开裂程度较重且混凝土无利用价值的方法2:钢纤维混凝土置换方法,即将原闸墩混凝土结构(溢流堰堰体以上的部分)全部拆除,重新浇筑相同高度、截面尺寸和设计指标的钢纤维混凝土。钢纤维混凝土施工配合比参数需结合实际施工材料、施工工艺等通过试验研究确定。

⑤ 结合工程背景开展了钢纤维混凝土和碳纤维布抗裂性能的基本试验及分析。钢纤维混凝土以某工程配合比及其各项原材料为基础,引进两种钢纤维(螺纹型和超细型),配制新型钢纤维混凝土。试验研究优选出具有适宜的抗压性能、抗拉性能、抗冻性能和抗渗性能、经济合理的钢纤维混凝土系列配合比及其设计参数,为工程修补加固材料选取提供试验依据,同时为混凝土加固材料抗裂性计算分析提供基础参数。掺超细型钢纤维的混凝土力学性能优于掺螺纹型钢纤维的混凝土的力学性能。两种钢纤维的最优体积率均为0.50%。以某工程加固建设为基础,调查研究碳纤维布系列产品性能及市场信誉,选取2家公司的碳纤维布(单位面积质量为200g/m²,宽度为600mm,Ⅰ级)及其配套用胶产品,进行产品性能试验及示范应用试验,示范试验良好,质量工程满足要求。

⑥ 针对实例工程的钢筋混凝土闸墩开裂破坏程度,研究确定阻裂与加固方法,即方法1:碳纤维布阻裂与加固方法(手刮聚脲裂缝表面封闭,弹性聚酯树脂类材料缝内灌浆,表面粘贴碳纤维布整体加固)和方法2:钢纤维混凝土置换方法(将原闸墩混凝土结构(溢流堰堰体以上的部分)全部拆除,重新浇筑相同高度、截面尺寸和设计指标的钢纤维混凝土)。按照最不利工况,对

阻裂与加固方法实施后得到的两种新结构进行了闸墩有限元数值计算分析。结果表明，采用方法1后，混凝土闸墩应力得到重新分布，原混凝土承担的较大拉应力传递给碳纤维布承担，并且拉应力小于碳纤维布的允许拉应力；采用方法2后，原混凝土承担的较大拉应力由新浇筑的钢纤维混凝土承担，并且拉应力小于钢纤维混凝土的允许拉应力。

⑦ 钢纤维混凝土和碳纤维布阻裂与加固方法均在工程建设中得到应用，2项钢纤维混凝土置换方法应用工程和1项碳纤维布阻裂与加固方法应用工程（包括2个结构部位，分别是圆柱形闸墩和棱柱形闸墩），跟踪分析表明了上述2种阻裂与加固方法效果良好，可供类似工程推广应用。

8.2　下一步研究展望

本书研究将钢筋混凝土泄洪闸墩的工作条件和环境简化为裸露于干燥空气中。而其实际工作条件和环境，存在雨水或水库水浸润甚至含有某些化学成分，到冬季还存在冻融和冻胀作用等。因此在后续研究中还需继续深入开展以下工作：

① 考虑水、化学成分等对钢筋混凝土闸墩裂缝问题的影响分析研究。

② 考虑冻融、冻胀作用对钢筋混凝土闸墩裂缝的影响效应分析研究。

参考文献

[1] 岳峰.某水库闸墩裂缝普查及补强加固方法探讨 [J].甘肃水利水电技术，2010（5）：42-43.

[2] 王义勇，周文祥.某大坝闸墩裂缝检查与成因分析 [J].农业与技术，2009（4）：100-103.

[3] 邓进标，邹志晖，韩伯鲤.水工混凝土建筑物裂缝分析及其处理 [M].武汉：武汉水利电力大学出版社，1998.

[4] 王树和，朱伯芳，许平.龙滩碾压混凝土重力坝劈头裂缝研究 [J].水利水电技术，2000，31（8）：38-40.

[5] 丁宝瑛，王国秉，岳跃真，等.国内混凝土坝裂缝成因综述与防止措施 [J].水利水电技术，1994（4）：12-18.

[6] 王铁梦.建筑物的裂缝控制 [M].上海：上海科学技术出版社，1987.

[7] 梁国晃.建筑部件的变形与裂缝 [M].广州：广州高等教育出版社，1988.

[8] F.莱昂哈特.钢筋混凝土结构裂缝与变形的验算 [M].北京：中国水利水电出版社，1983.

[9] 王立久，姚少臣.建筑病理学：建筑物常见病害诊断与对策 [M].北京：中国电力出版社，2002.

[10] 蒋元桐，韩素芳.混凝土工程病害与修补加固 [M].北京：海洋出版社，1996.

[11] 中华人民共和国电力行业标准.DL/T 5251—2010.水工混凝土建筑物缺陷检测和评估技术规程[S].北京：中国电力出版社，2010.

[12] 乔生祥.水工混凝土缺陷检测和处理 [M].北京：中国水利水电出版社，1997.

[13] 朱伯芳.重力坝的劈头裂缝 [J].水力发电学报，1997（4）：85-91.

[14] 吴中如.典型拱坝的严重事故及解析 [J].工程力学，2001（A01）：55-57.

[15] 邢林生.我国水电站大坝事故分析与安全对策[J].水力水电科技进展，2001，21（2）：26-32.

[16] 邢林生，聂广明.我国水电站混凝土建筑物耐久性分析[J].水力发电，2003，29（2）：27-32.

[17] 孙国光.水闸闸墩裂缝形成原因及预防措施[J].甘肃水利水电技术，2009（8）：33-34，36.

[18] 黄建新.水闸闸墩裂缝原因分析及防治措施浅析[J].新疆有色金属，2009（2）：75-77.

[19] 王林京.水工混凝土裂缝的成因及防治措施[J].工程建设与设计，2017（22）：116-117.

[20] 吴小静.水工隧洞混凝土裂缝分析及加固研究[J].黑龙江水利科技，2017，45（9）：109-110，131.

[21] 史明政，李亚鹏，徐雪飞，等.水闸闸墩裂缝形成因素及其控制对策研究[J].水利规划与设计，2016（8）：71-73.

[22] 陈佳栋，郭俊波.浅谈水工混凝土缺陷成因、预防措施及处理方法[J].四川水力发电，2016，35（8）：38-40.

[23] 周月霞.水工隧洞混凝土裂缝分析及加固研究[D].北京：中国水利水电科学研究院，2016.

[24] 赵海波，王安琪.水工隧洞衬砌混凝土裂缝产生原因及预防措施[J].水利规划与设计，2016（4）：111-113.

[25] 巴桑旺堆.水工混凝土结构裂缝成因及处理浅析[J].中国新技术新产品，2016（6）：114-115.

[26] 孙东迁.隧洞衬砌裂缝成因分析及处理措施研究[J].陕西水利，2016（2）：88-90.

[27] 朱伯芳.重力坝横缝止水至坝面距离对防止坝面劈头裂缝的影响[J].水力发电，1998（12）：18-19.

[28] 邢林生.运行工况对拱坝上游面竖向裂缝的影响[J].水力发电学报，1999（2）：21-29.

[29] 邢林生.低水位运行对拱坝下游面裂缝的影响[J].红水河，1999，18（2）：39-43.

[30] 邢林生，方榴声.运行条件对拱坝下游面水平裂缝的影响[J].四川水力发电，1993（2）：51-56.

[31] 黄国兴，惠荣炎．混凝土的收缩 [M]．北京：中国铁道出版社，1990．

[32] 梁力，李明．土木工程数值计算方法与仿真技术 [M]．沈阳：东北大学出版社，2008．

[33] 伍义生，吴永礼．有限元方法基础教程 [M]．3 版．北京：电子工业出版社，2003．

[34] ARGYRIS J H. Die Matrizentheorie der statik [J]. Archive of Applied Mechanics, 1957, 25 (3): 174–192.

[35] 王勋成，邵敏．有限单元法的基本原理与数值方法 [M]．北京：清华大学出版社，1988．

[36] KAPLAN M F. Crack propagation and the fracture of a crack travering a plate [J]. Journal of the American Concrete Institute, 1961, 58 (5): 591–610.

[37] BAZANT Z P. Is no-tension design of concrete or rock structures always safe-fracture analysis [J]. Journal of Structural Engineering, ASCE, 1996, 122 (1): 2–10.

[38] KALKANI E C. Stress evaluation along the sidewalls of a box-shaped spillway structure [J]. Computers & Structures, 1993, 47 (1): 163–167.

[39] MIRZA J, Durand B. Evaluation selection and installation of surface repair mortars at a dam site [J]. Construction and Building Materials, 1994, 8 (1): 17–25.

[40] LÉGER P, CÔTÉ P, TINAWI R. Finite element analysis of concrete swelling due to alkali-aggregate reactions in dams [J]. Computers & Structures, 1996, 60 (4): 601–611.

[41] MIRZA J, MIRZA M S, LAPOINTE R. Laboratory and field performance of polymer modified cement-based repair mortars in cold climates [J]. Construction and Building Materials, 2002, 16 (6): 365–374.

[42] ABDALLAH I, MALKAWI H, MUTASHER S A, et al. Thermal-structural modeling and temperature control of roller compacted conerete gravity dam [J]. Journal of Performance of Constructured Facilities, 2003 (11): 177–187.

[43] ANDREW S G, HANCOCK J M, KENNEDY W J, et al. An integrated study (geochemistry, stable oxygen and carbon isotopes, nannofossils, planktonic foraminifera, inoceramid bivalves, ammonites and crinoids) of the Waxa-

hachie Dam Spillway section north Texas: a possible boundary stratotype for the base of the Campanian Stage [J]. Cretaceous Research, 2008, 29 (1): 131-167.

[44] KUPRIYANOV V P. Winter operation of spillway structures at hydroelectric power plants [J]. Power Technology and Engineering (Formerly Hydrotechnical Construction), 2010, 44 (4): 255-262.

[45] 朱岳明, 黎军, 刘勇军. 石梁河新建泄洪水闸闸墩裂缝成因分析 [J]. 红水河, 2002, 21 (2): 44-61.

[46] 李九红, 何劲, 简政. 水电站表孔闸墩施工期温度应力仿真分析 [J]. 水利学报, 2002 (2): 117-122.

[47] 张志福. 丰满水电站溢流坝闸墩裂缝成因分析及其加固技术研究[D]. 南京: 河海大学, 2004.

[48] 江怀雁. 溢流坝闸墩裂缝分析及加固措施[D]. 南宁: 广西大学, 2005.

[49] 邢林生, 聂广明. 闸墩大型裂缝成因分析及其治理 [J]. 水力发电学报, 2005 (2): 81-85.

[50] 苏远波. 混凝土溢流坝闸墩裂缝成因分析及加固后安全评价[D]. 大连: 大连理工大学, 2009.

[51] 李振龙. 预应力闸墩颈缩体形研究[D]. 西安: 西安理工大学, 2010.

[52] 祁庆和. 水工建筑物 [M]. 3版. 北京: 中国水利水电出版社, 2002.

[53] 潘家铮. 重力坝 [M]. 北京: 中国水利电力出版社, 1983.

[54] 潘家铮. 重力坝设计 [M]. 北京: 中国水利电力出版社, 1987.

[55] 中华人民共和国国家经济贸易委员会. DL 5108—1999. 混凝土重力坝设计规范[S]. 北京: 中国电力出版社, 2000.

[56] 路维. 水工混凝土结构修复材料评述 [J]. 四川建筑科学研究, 2014, 40 (2): 229-231.

[57] 石中涛, 张振雷. 寒区水工混凝土修补新型材料 [J]. 辽宁建材, 2011 (3): 36-38.

[58] 邓德华. 丙乳砂浆在水工混凝土加固工程中应用 [J]. 江西化工, 2010 (1): 147-149.

[59] 孔祥春, 高岩, 姜伟民. 丙乳砂浆在压力隧洞混凝土表面缺陷处理中的应用 [J]. 东北水利水电, 2010 (11): 16-18.

[60] 刘凌志, 韩彦美. NE-II环氧砂浆在岳城水库溢洪道裂缝处理中的应用

[J].海河水利,2011(10):32-33.

[61] 孙宇飞,张勇,韩练练.环氧砂浆在低温条件下修补水工建筑物的试验研究[J].水利水电技术,2013,44(9):73-75.

[62] 孙宇飞,胡炜,张勇.环氧砂浆热膨胀性能试验研究[J].西北水电,2013(3):88-90.

[63] 马宇,孙志恒,张昕.高弹性修补砂浆的试验研究[J].大坝安全,2013(2):44-47.

[64] 孙红尧.聚合物树脂水泥砂浆修补和防腐蚀技术[J].材料保护,2011,44(4):150-156.

[65] 潘微旺.水下快速修补砂浆的性能研究[J].新型建筑材料,2013(2):80-83.

[66] 张焕,张祥敏.纤维修补砂浆在泥河水库修补中的应用[J].黑龙江水利科技,2013,41(11):160-161.

[67] 王冬,祝烨然,黄国泓,等.HLC-GMS特种抗冲耐磨聚合物钢纤维砂浆的性能研究[J].混凝土,2012(5):111-113.

[68] 李志坚,邵亮.环氧胶泥在三峡二期工程导流底孔缺陷修补中的应用[J].水利水电快报,2011,32(12):35-38.

[69] 彭渊,傅永平.聚合物材料在闸门门槽修补中的应用[J].浙江水利科技,2012,182(4):58-60.

[70] 邓红艳,王荣华.三峡大坝三期混凝土表面缺陷修补材料选择及工艺优化研究[J].地下水,2011,33(4):143-144.

[71] 王磊,刘方,徐玲玲.矿粉对环氧树脂基混凝土修补材料性能的影响[J].南京工业大学学报(自然科学版),2010,32(2):72-76.

[72] 刘纪伟,周明凯,陈潇,等.丁苯乳液改性硫铝酸盐水泥修补砂浆性能研究[J].人民长江,2013,44(13):51-54.

[73] 朱敏,李振华.NKY改性树脂乳液在水工建筑物混凝土缺陷修补中的应用[J].江苏水利,2013(5):37,40.

[74] 耿飞,高培伟,徐少云.高性能丙烯酸类混凝土裂缝修补材料的制备[J].南京航空航天大学学报,2013,45(2):255-259.

[75] GRIFFTH A A. The phenomena of rupture and flow in solids [J]. Phil. Trans. Roy. Soc. Series A221, 1921:163-168.

[76] OROWAN E. In fatigue and fracture of metals [M]. New York:Murray, W.

M. Ed., Wilcy, 1950: 139-167.

[77] IRWIN G R. Analysis of stresses and strains near the end of a crack traversing a plate [J]. Journal of Applied Mechanics, 1957 (24): 361-364.

[78] RICE J R. A path independent integral and the approximate analysis of strain concentration by notches and cracks [J]. Journal of Applied Mechanics, 1968 (35): 379-386.

[79] HUTCHINSON J W. Singular behavior at the end of a tensile crack in a hardening material [J]. Journal of Mechanics and Physics of solids, 1968 (1): 13-31.

[80] RICE J R, ROSENGREN G R. Plane strain deformation near a crack tip in a power-hardening material [J]. Journal of Mechanics and Physics of Solids, 1968 (1): 1-12.

[81] DUGDULE D S. Yielding of steel sheets containing slits [J]. Journal of Mechanics and Physics of Solids, 1960, 8 (2): 100-104.

[82] HILLERBORG A. A analysis of crack formation and crack growth in concrete by means of fracture mechanics and finite elements [J]. Cement and Concrete Research, 1976 (6): 773-782.

[83] BAZANT Z P. Crack band theory for fracture of concrete [J]. RILEM Materials and Structures, 1983, 16 (93): 155-177.

[84] JENQ Y S, SHAH S P. Two parameter fracture model for concrete [J]. Journal of Engineering Mechanics, ASCE, 1985, 111 (10): 1227-1241.

[85] BAZANT Z P, KAZEMI M T. Size dependence of concrete fracture energy determined by Rilem work-of-fracture method [J]. International Journal of Fracture, 1991, 51: 121-138.

[86] SWARTZ S E, GO C G. Validity of compliance calibration to cracked concrete beams in bending [J]. Experimental Mechanics, 1984, 24 (2): 129-134.

[87] KARIHALOO B L, NALLATHAMBI P. An improved effective crack model for the determination of fracture toughness of concrete [J]. Cement and conarete Research, 1989 (19): 603-610.

[88] 徐世烺, 赵国藩. 混凝土结构裂缝扩展的双 K 断裂准则 [J]. 土木工程学报, 1992, 25 (2): 32-38.

［89］ XU Shilang, REINHARDT H W. Determination of double-K criterion for crack propagation in quasi-brittle fracture. Part I: experimental investigation of crack propagation ［J］. International Journal of Fracture, 1999, 98: 111-149.

［90］ XU Shilang, REINHARDT H W. Determination of double-K criterion for crack propagation in quasi-brittle fracture. Part II: analytical evaluating and practical measuring methods for three-point bending notched beams ［J］. International Journal of Fracture, 1999, 98: 151-177.

［91］ XU Shilang, REINHARDT H W. Determination of double-K criterion for crack propagation in quasi-brittle fracture Part III: compact tension specimens and wedge splitting specimens ［J］. International Journal of Fracture, 1999, 98: 179-193.

［92］ 吴智敏, 杨树桐, 郑建军. 混凝土等效断裂韧度的解析方法及其尺寸效应［J］. 水利学报, 2006, 37 (7): 795-800.

［93］ IRSM Testing Commission. Suggested methods for determining the fracture toughness of rock ［J］. International Journal of Rock Mechanics and Mining Science and Geomechanical Abstract, 1988 (25): 71-96.

［94］ ACI Committee 446. State-of-Art Report ［R］. American Concrete Institute Detroit, ACI Special Publication, 1989.

［95］ 潘家铮. 断裂力学在水工结构设计中的应用［J］. 水利学报, 1980 (1): 45-59.

［96］ 于中, 居襄. 混凝土断裂韧度的研究［J］. 力学与实践, 1980 (4): 69-71.

［97］ 高洪波. 混凝土Ⅰ型、Ⅱ型断裂参数确定的研究［D］. 大连: 大连理工大学, 2008.

［98］ 中华人民共和国电力行业标准. DL/T 5332—2005. 水工混凝土断裂试验规程［S］. 北京: 中国电力出版社, 2005.

［99］ 沈新普, 黄志强, 鲍文博, 等. 混凝土断裂的理论与试验研究［M］. 北京: 中国水利水电出版社, 知识产权出版社, 2008.

［100］ 唐春安, 朱万成. 混凝土损伤与断裂-数值试验［M］. 北京: 科学出版社, 2003.

［101］ 程靳, 赵树山. 断裂力学［M］. 北京: 科学出版社, 2006.

［102］ 张行, 崔德渝, 孟庆春, 等. 断裂与损伤力学［M］. 北京: 北京航空航天

大学出版社，2006.

[103] 方坤河，曾力. 碾压混凝土抗裂性能的研究 [J]. 水力发电，2004（4）：
49–51.

[104] 杨华全，李文伟. 水工混凝土研究与应用 [M]. 北京：中国水利水电出
版社，2005.

[105] 中国水利水电科学研究院结构材料研究所. 大体积混凝土 [M]. 北京：
中国水利水电出版社，1990.

[106] 邓东升. 合成纤维对水工混凝土抗裂性能和抗碳化性能的影响 [J]. 混
凝土，2005（10）：44–47.

[107] 高小建，赵福军，巴恒静. 减缩剂与聚丙烯纤维对混凝土早期收缩开裂
的影响 [J]. 沈阳建筑大学学报，2006，5（22）：768–772.

[108] DAVE N J, ELLIS D G. Polypropylene fiber reinforced cement [J]. Intenra-
tional Journal of Cement Composites, 1979（1）：19–28.

[109] 郭海洋，刘建树，赵明，等. 改性异形聚丙烯（PP）增强水泥混凝土抗裂
性研究 [J]. 山东纺织科技，2001（5）：11–13.

[110] KRENCHEL H. Fibre reinforcement [M]. Copenhagen：Akademisk Forlay,
1964.

[111] 龚洛书. 混凝土实用手册 [M]. 2版. 北京：中国建筑工业出版社，1995.

[112] 冯乃谦. 实用混凝土大全 [M]. 北京：科学技术出版社，2001.

[113] ROMUALDI J P, MANDEL J A. Tensile strength of concrete affected by uni-
formly distributed and closely spread short lengths of reinforcement [J].
Reinforce-ment. ACI Journal, Proceedings, 1964, 61（6）：657–670.

[114] 中华人民共和国水利行业标准. SL 352—2006. 水工混凝土试验规程
[S]. 北京：中国水利水电出版社，2006.

[115] 中华人民共和国国家标准. GB/T 228—2010. 金属材料 拉伸试验 室温试
验方法[S]. 北京：中国标准出版社，2010.

[116] 中华人民共和国国家标准. GB 50204—2015. 混凝土结构工程施工质量
验收规范[S]. 北京：中国建筑工业出版社，2015.

[117] 中华人民共和国国家标准. GB/T 50344—2004. 建筑结构检测技术标准
[S]. 北京：中国建筑工业出版社，2004.

[118] 中华人民共和国国家标准. GB/T 50152—2012. 混凝土结构试验方法标
准[S]. 北京：中国建筑工业出版社，2012.

[119] 中华人民共和国水利行业标准. SL 197—2013. 水利水电工程测量规范 [S]. 北京：中国水利水电出版社，2013.

[120] 中华人民共和国水利行业标准. SL 713—2015. 水工混凝土结构缺陷检测技术规程[S]. 北京：中国水利水电出版社，2015.

[121] 中华人民共和国水利行业标准. SL 734—2016. 水利工程质量检测技术规程[S]. 北京：中国水利水电出版社，2016.

[122] 中华人民共和国建筑行业标准. JGJ/T 152—2008. 混凝土中钢筋检测技术规程[S]. 北京：中国建筑工业出版社，2008.

[123] 谭礼陵. 钢筋混凝土非线性有限元分析概述 [J]. 市政技术，2008（4）：344-347.

[124] 张洪信，赵清海. ANSYS有限元分析完全自学手册 [M]. 北京：机械工业出版社，2008.

[125] 谢慧才，刘金伟，熊光晶. 钢筋混凝土修补梁实验研究和有限元分析 [C] //第五届建筑物鉴定与加固改造学术论文集. 北京：中国建材工业出版社，2000.

[126] 中华人民共和国国家标准. GB 50010—2010. 混凝土结构设计规范[S]. 北京：中国建筑工业出版社，2002.

[127] 孙训芳，方孝淑，关来泰. 材料力学 [M]. 4版. 北京：高等教育出版社，2002.

[128] 李国，叶裕明，刘春山，等. ANSYS土木工程应用实例 [M]. 2版. 北京：中国水利水电出版社，2007.

[129] 尚小江，邱峰，赵海峰，等. ANSYS结构有限元高级分析方法与范例应用 [M]. 北京：中国水利水电出版社，2005.

[130] 马军. 丰满水电站溢流坝闸墩裂缝分析及加固措施[D]. 大连：大连理工大学，2001.

[131] 中华人民共和国电力行业标准. DL/T 5315—2014. 水工混凝土建筑物修补加固技术规程[S]. 北京：中国电力出版社，2014.

[132] 康军红，刘晓峰. 碳纤维复合材料在闸墩混凝土裂缝处理中的应用 [J]. 科学与工程技术，2006（2）：28-30.

[133] 赵彤，谢剑. 碳纤维布补强加固混凝土结构新技术 [M]. 天津：天津大学出版社，2000.

[134] 李明，张永兵，周诚. 混凝土裂缝处理技术 [J]. 内蒙古水利，2010（1）：

104-105.

[135] 黄晓明,潘钢华,赵永利.土木工程材料[M].南京:东南大学出版社,2001.

[136] 肖翔,李振青,周晓雁,等.病险水工程裂缝修补技术[M].北京:中国水利水电出版社,2009.

[137] 朱敏荣.浅议水工混凝土裂缝处理[J].电力学报,2006(4):494-496.

[138] 郑谨.水工混凝土结构裂缝问题及对策[J].建材与装饰,2016(46):275-276.

[139] 陈雅福.土木工程材料[M].广州:华南理工出版社,2001.

[140] ROBERT M J. Mechanics of composite materials[M]. Washington: Scripta Book Company, 1976.

[141] KAYALI O, HAQUE M N, ZHU B. Some characteristics of high strength fiber reinforced lightweight aggregate concrete[J]. Cement & Concrete Composites, 2003(25): 207-213.

[142] CHI J M, HUANG R, YANG C C, et al. Effect of aggregate properties on the strength and stiffness of lightweight concrete[J]. Cement & Concrete Composites, 2003(25): 197-205.

[143] RAMI H H, MOHAMMED M S. Role of fibers in controlling unstrained expansion and arresting cracking in Portland cement concrete undergoing alkali-silica reaction[J]. Cement and Concrete Research, 2004(40): 103-108.

[144] LIM D H, OH B H. Experimental and theoretical investigation on the shear of steel fiber reinforced concrete beams[J]. Engineering Structures, 1999(21): 937-944.

[145] PAULO B C, JOAQUIM A F, et al. Fatigue behavior of fiber-reinforced concrete in compression[J]. Cement & Concrete Composites, 2002(24): 211-217.

[146] 吴成三.钢纤维混凝土技术的研究[J].铁道工程学报,1994,9(3):106-111.

[147] 程庆国,徐蕴贤,陆祖文.钢纤维混凝土的应用及前景[J].中国铁路,1998(6):1-5.

[148] 蔡四维.短纤维复合材料理论与应用[M].北京:人民交通出版社,

1994.

［149］ 赵国藩，彭少民，黄承逵，等.钢纤维混凝土结构［M］.北京：中国建筑工业出版社，1999.

［150］ 章文纲，程铁生.钢纤维混凝土的试验研究［M］.北京：空军工程学院出版社，1986.

［151］ 冯平喜.钢纤维增强路面混凝土的应用与发展［J］.山西建筑，2003，29（4）：104-105.

［152］ 曾滨，金芷生.钢纤维混凝土纤维增强作用［J］.北京科技大学学报，1995，17（5）：45-48.

［153］ 姚树江，孟凡海，张福.钢纤维混凝土在矿山井巷支护中应用［J］.有色金属，2000（1）：24-28.

［154］ 王敏，马海洪.黑河塘水电站工程混凝土裂缝处理施工工艺［J］.四川水利发电，2007（2）：70-74.

［155］ 陈金涛.水工混凝土的裂缝处理工艺［J］.水利电力机械，2007（5）：22-23，36.

［156］ 高立军，张静岩，于佳国.水溶性聚氨酯灌浆技术在船闸混凝土裂缝处理中的应用［J］.黑龙江水利科技，2006（3）：220-221.

［157］ 张秀梅，孙志恒，夏世法，等.无损检测及混凝土裂缝处理［J］.中国水利水电科学研究院学报，2007（2）：158-161.

［158］ 江涛.水工混凝土施工质量缺陷的防治和处理技术［J］.四川水力发电，2017，36（4）：22-24，32.

［159］ 尚荣朝.轻烧MgO膨胀剂对寒冻地区水工混凝土耐久性影响的试验［J］.混凝土，2017（4）：91-94，98.

［160］ 刘冬华.水利施工工程中混凝土裂缝的防治技术［J］.黑龙江水利科技，2016，44（12）：77-79.

［161］ 陈姣姣，蔡新.水工混凝土损伤研究综述［J］.混凝土，2016（10）：139-142.

［162］ 贾宇，梁永梅，汤雷.水工混凝土构件裂缝检测方法及发展趋势［J］.无损检测，2016，38（7）：75-81.

［163］ 焦凯.水工混凝土开裂试验系统、动强度率效应及三轴剪切特性研究［D］.西安：西安理工大学，2016.

［164］ 陈恩剑.石家河电站大坝冲沙闸裂缝处理技术浅析［J］.湖南水利水电，

2016（3）：35-36，42.

[165] 于腾.环氧树脂灌浆修补混凝土裂缝试验研究[D].北京：北京工业大学，2016.

[166] 王媛怡，陈亮，汪在芹.水工混凝土大坝表面防护涂层材料研究进展[J].材料导报，2016，30（9）：81-86.

[167] 郭继东.水利工程中混凝土裂缝控制[J].黑龙江水利科技，2016，2（5）：66-68.

[168] 张雅倩.改性聚丙烯酰胺吸水性树脂的合成及处理混凝土裂缝渗漏研究[D].西安：西安建筑科技大学，2016.

[169] 中国工程建设标准化协会标准.CECS 38：2004.纤维混凝土结构技术规程[S].北京：中国计划出版社，2004.

[170] 中华人民共和国国家标准.GB 175—2007.通用硅酸盐水泥[S].北京：中国标准出版社，2008.

[171] 中华人民共和国国家标准.GB 1596—2017.用于水泥和混凝土中的粉煤灰[S].北京：中国标准出版社，2018.

[172] 中华人民共和国电力行业标准.DL/T 5144—2001.水工混凝土施工规范[S].北京：中国电力出版社，2001.

[173] 中华人民共和国建材行业标准.JC 473—2001.混凝土泵送剂[S].北京：国家建筑材料工业局，2001.

[174] 中华人民共和国国家标准.GB/T 50146—2014.粉煤灰混凝土应用技术规范[S].北京：中国计划出版社，2014.

[175] 中华人民共和国行业标准.JGJ/T 10—2011.混凝土泵送施工技术规程[S].北京：中国建筑工业出版社，2011.

[176] 中华人民共和国电力行业标准.DL/T 5150—2001.水工混凝土试验规程[S].北京：中国电力出版社，2001.

[177] 中华人民共和国行业标准.JTJ 270—98.水运工程混凝土试验规程[S].北京：人民交通出版社，1998.

[178] 中华人民共和国国家标准.GB/T 50081—2002.普通混凝土力学性能试验方法标准[S].北京：中国建筑工业出版社，2002.

[179] 中国工程建设标准化协会标准.CECS 13：2009.钢纤维混凝土试验方法[S].北京：中国计划出版社，1991.

[180] 中华人民共和国行业标准.JGJ 55—2011.普通混凝土配合比设计规程

[S].北京：中国建筑工业出版社，2011.

[181] 中华人民共和国电力行业标准.DL/T 5330—2015.水工混凝土配合比设计规程[S].北京：中国电力出版社，2015.

[182] 王成仲，安宏钧，杨松泉.钢纤维混凝土的配合比设计及应用[J].河北建筑工程学院学报，2006（2）：47-49.

[183] 张洪亮.钢纤维混凝土配比设计与应用[J].辽宁省交通高等专科学校学报，2006（B11）：53-55.

[184] 俞家欢，张峰，贾连光，等.钢纤维混凝土的配合比优化设计[J].沈阳工业大学学报，2006（2）：34-36.

[185] ALHOZAIMY A M, SOROUSHIAN P, MIRZA F. Mechanical properties of polypropylene fiber reinforced concrete and the effects of pozzolanic materials [J]. Cement Concrete Compos, 1996, 18（2）：85-92.

[186] 姚武，蔡江宁，吴科如，等.钢纤维混凝土的抗弯韧性研究[J].混凝土，2002, 152（6）：30-33.

[187] 李志业，王志杰，关宝树.钢纤维混凝土强度、变形和韧性的试验研究[J].混凝土，1998, 20（2）：99-105.

[188] 孙伟.钢纤维高强混凝土力学性质与强化机理研究[C] //纤维混凝土的研究与应用论文集.大连：大连理工出版社，1992.

[189] MANDEL J A. Micromechanical modeling of steel fiberreinforced cementitious materials [J]. Steel Fiber Concrete, US-Sweden Joint Seminar（NSF-STU）Stockholm, 1985（6）：3-5.

[190] NATARAJA M C, DHANG A P, GUPTA A P. Stress-strain curves for steel-fiber reinforced concrete under compression [J]. Cement Concrete Compos, 1999, 21（5/6）：383-90.

[191] 许志勇，王玉清.高强钢纤维混凝土的试验[J].安徽建筑，2003（6）：92-93.

[192] 周永泉.CFRP（碳纤维）在桥梁加固中的应用[J].广西城镇建设，2006（9）：59-60.

[193] 王奇.CFRP材料在土木工程中的应用现状与前景[J].工程建设，2010（1）：63-66.

[194] AMIR M. Behavior of concrete columns confined by fiber composites [J]. Journal of Structure Engineering, 1997（5）：583-590.

［195］ MICHEL S. Model of concrete confined by fiber composites［J］. Journal of Structure Engineering, 1998（9）: 1025-1031.

［196］ JING Liu. Finite-element model for confined concrete columns［J］. Journal of Structure Engineering, 1998,（9）: 1011-1017.

［197］ FANNING P. Nonlinear models of reinforced and post-tensioned concrete beams［J］. Journal of Structure Engineering, 2001（2）: 111-119.

［198］ MOHSEN S, THOMAS E B, AMIR M. Analysis and modeling of fiber-wrapped columns and concrete-filled tubes［M］. Florida Department of Transportation Structural Research Center, 1998.

［199］ SWAMY R N, MUKHOPADBYAYA P. Debonding of carbon-fiber-reinforced polymer plate from concrete beams［J］. Proceedings of the Institution of Civil Engineers, Structure and building, 1999（12）: 301-317.

［200］ ALFARABI S Q J. A LSULAIMANI I A B, GHALEB B N. Strengthening of initially loaded reinforced concrete beams using FRP plates［J］. AQ Structural Journal, 1991, 91（12）: 1123-1130.

［201］ THANASIS C T, NIKOLA D, MARTIN D. Strengthening of concrete structure with prestressed fiber reinforced plastic sheets［J］. ACT Structural Journal, 1992, 89（3）: 151-159.

［202］ 熊光晶, 姜浩, 黄冀卓. 碳纤维布加固混凝土梁的试验研究［J］. 土木工程学报, 2001（4）, 62-66.

［203］ 张明武, 余建星, 王有志, 等. FRP补强加固RC梁粘结破坏机理研究［J］. 建筑结构学报, 2003（6）: 92-96.

［204］ 赵彤, 谢剑, 戴自强. 碳纤维布约束混凝土应力-应变全曲线的试验研究［J］. 建筑结构, 2000（7）: 40-44.

［205］ 赵海东, 赵鸣, 张誉. 碳纤维布加固钢筋混凝土圆柱的轴心受压试验研究［J］. 建筑结构, 2000（7）, 26-30.

［206］ 李忠献, 许成祥, 景萌, 等. 碳纤维布加固钢筋混凝土短柱的抗震性能试验研究［J］. 建筑结构学报, 2002（6）, 41-48.

［207］ 赵彤. 碳纤维布补强加固混凝土结构新技术［M］. 天津: 天津大学出版社, 2001.

［208］ 杨勇新. 碳纤维布与混凝土的粘结性能及其加固混凝土受弯构件的破坏机理研究［D］. 天津: 天津大学, 2001.

［209］ 中国工程建设标准化协会标准.CECS 146：2003.碳纤维片材加固混凝土结构技术规程［S］.北京：中国计划出版社，2003.

［210］ 中华人民共和国国家标准.GB/T 21490—2008.结构加固修复用碳纤维片材［S］.北京：中国标准出版社，2008.

［211］ 中华人民共和国国家标准.GB 50728—2011.工程结构加固材料安全鉴定技术规范［S］.北京：中国建筑工业出版社，2011.

［212］ 中华人民共和国国家标准.GB 50608—2010.纤维增强复合材料建设工程应用技术规范［S］.北京：中国计划出版社，2010.

［213］ 中华人民共和国建筑行业标准.JG/T 167—2004.结构加固修复用碳纤维片材［S］.北京：中国建筑工业出版社，2004.

［214］ 上海市工程建设规范.DG/T J08 012—2017.纤维增强复合材料加固混凝土结构技术规程［S］.上海：同济大学出版社，2002.

［215］ 龚召熊.水工混凝土的温控与防裂［M］.北京：中国水利水电出版社，1999.

［216］ 曾力，方坤河，吴是燕，等.碾压混凝土抗裂指标的研究［J］.水利水电技术，2000（11）：3-5.

［217］ 李金玉，曹建国.水工混凝土耐久性的研究和应用［M］.北京：中国电力出版社，2016.

［218］ 唐春安，傅宇方，林鹏，等.短纤维增强复合材料破坏过程的数值模拟［J］.力学学报，2000（32）：373-377.

［219］ 王海菊，刘迎曦，王玉枝.利用有限元方法研究溢流坝闸墩裂缝加固方案［J］.北京联合大学学报，2007（2）：19-21.

［220］ 林学军，陈安，霍中艳，等.水工混凝土带缝结构温度场问题的扩展有限元法［J］.水道港工，2017，38（3）：274-280.

［221］ 宫宇生.泄洪闸闸墩结构有限元分析及其加固措施研究［D］.重庆：重庆交通大学，2016.

［222］ 王立健，吕鸿翔，刘猛.RMO柔性修补剂在混凝土防碳化中的应用［J］.山东水利，2019（8）：40-42.

［223］ 扶庭阳，郭保林，罗玉萍，等.超早强硫铝酸盐水泥混凝土修补材料的应用研究［J］.混凝土，2018（2）：140-144.

［224］ 宋秀瑜，张景.潮湿环境混凝土修补技术在密云水库闸墩裂缝修补中的应用［J］.水利建设与管理，2018（5）：5-9.

［225］ 陈湘华，杨立权.高强快硬镁堌材料在桥梁混凝土缺陷修补中的应用［J］.中外公路，2018（2）：231-233.

［226］ 郭秋生.混凝土病害分析及修复方案研究［J］.商品混凝土，2018（1）：71-74.

［227］ 韦旭朋，张圆圆，徐以希，等.混凝土裂缝修补材料改性研究［J］.混凝土，2019（2）：128-129，132.

［228］ 陈杨杰，张雄飞，卢小莲，等.混凝土裂缝修补材料环氧树脂的聚氨酯增韧改性研究［J］.公路交通科技，2019（9）：24-30.

［229］ 池漪，尹健.混凝土裂缝修补结构力学相容性研究［J］.铁道科学与工程学报，2018（9）：127-134.

［230］ 夏宏伟，魏宇宸.聚脲在水工混凝土表面修补施工中的应用［J］.黑龙江水利科技，2018（4）：198-200.

［231］ 俞家欢，闫林伟.磷酸镁混凝土路面快速修补材料的耐水性试验［J］.沈阳建筑大学学报（自然科学版），2018（9）：855-863.

［232］ 夏海江.水工钢纤维混凝土力学性能应用研究［J］.东北水利水电，2014（10）：40-42.

［233］ 夏海江.水库溢流坝闸墩裂缝修补加固技术研究［J］.现代农业科技，2014（9）：235-237，239.

［234］ XIA H J, XU Z L. Research of mending and reinforcement technology of cracks in spillway dam pier of a certain reservoir ［C］. International Conference on Civil Engineering and Rock Engineering (ICCERE 2015), Guangzhou, 2015.

［235］ 夏海江.某水库溢流坝闸墩裂缝加固处理效果分析［J］.现代农业科技，2014（3）：210-211，214.

［236］ 夏海江.某水库溢流坝闸墩裂缝监测及其危害性分析［J］.现代农业科技，2014（4）：218-219，227.

［237］ 夏海江.探地雷达技术在水利工程质量控制中的应用［J］.东北水利水电，2009（10）：63-64.